全球化·可持续发展·跨文化建筑

钟华楠　张钦楠　著

中国建筑工业出版社

图书在版编目（CIP）数据

全球化·可持续发展·跨文化建筑／钟华楠，张钦楠著.—北京：中国建筑工业出版社，2006
ISBN 978-7-112-08524-8

Ⅰ.全... Ⅱ.①钟...②张... Ⅲ.建筑理论－文集
Ⅳ.TU-0

中国版本图书馆CIP数据核字（2006）第106373号

责任编辑：王莉慧 董苏华
责任设计：赵明霞
责任校对：张树梅 王金珠

全球化·可持续发展·跨文化建筑
钟华楠 张钦楠 著

中国建筑工业出版社出版、发行(北京西郊百万庄)
新华书店经销
北京广厦京港图文有限公司设计制作
北京二二〇七工厂印刷
*
开本：880 × 1230毫米 1/32 印张：5¾ 字数：162千字
2007年1月第一版 2007年1月第一次印刷
印数：1-4000册 定价：22.00元
ISBN 978-7-112-08524-8
(15188)

(邮政编码 100037)
本社网址：http://www.cabp.com.cn
网上书店：http://www.china-building.com.cn

前言

为了参与对《现代文脉下中国现代建筑》的讨论和丛书的出版，经“楠弟”（张钦楠）建议，“楠兄”（钟华楠）同意，决定将我们二人分别撰写的论文合印一册，便于读者阅览和批评。

题目是从“全球化”开端的。被政界和媒体熙熙攘攘的“全球化”于20世纪后叶登场，一时风靡全球，被公认为当今（至晚21世纪）世界的发展趋向。在“一边倒”的开场之后，忽然冒出了一股不协调音。从美国西雅图开始，到最近的香港为止，只要是讨论“全球化”的高层会议，总有一帮基层群众示威游行，表示对“全球化”的抗议和反对。一时之间，“全球化”是红脸白脸，成为争议问题。

从其开端，“全球化”的提出是基于世界人口的急剧上升、全球生活和建设资源的匮缺和分布不均，以及电子化革命（互联网）所带来的人际距离缩短和“国界意识淡化”等等，于是一幅幅美妙的图像出现在我们面前。我就亲身聆听过一位未来学家的报告，大意是将来一个跨国公司的新产品的诞生可以在纽约创意、在东京设计、在巴基斯坦加工生产，在巴黎或伦敦销售，所有这些活动都可以随着地球的转动在白天进行，从而达到前所未有的效率。我听了以后，当时确实兴奋了一番。

在1999年北京举行第20次世界建筑师大会时，我被指定就建筑师职业趋势问题作一主题报告。我的开场白就是：“全球化来了”（抄自民间童话中“狼来了”之故事），接着提出既然要“全球化”，就应当是双向的，你来我处，我也可以去你处，不能是你来要通行无阻，我去却处处设限。当时也颇有些朋友（特别是“第三世界”的）表示赞赏。

事过几年，我和许多人一样，真正体会到“狼来了”的现实，至少是在中国，洋人建筑师在许多城市“通行无阻”，中国建筑师只能当个配角，干的活多，拿的钱少，这种“与狼共舞”的局面，看来还要继续一段时间。按照“全球化”的原理，恐怕得长久“舞”下去，到我们自己也和“狼”一样高明为止。

在很多反对声中，我学到了一些新名词，最响亮的是“新殖民主义”。人们开始指出，“全球化”推进以来，世界贫富差别不是减少，而是扩大了；资源消耗不是降低，而是升高了，乃至出现明暗兼备的能源战。在高层会议场内，是各国利益集团的讨价还价，在场外，是愤怒群众的示威抗议。

所有这些抗议和反对，告诉我们一个真理，就是衡量“全球化”是否成功，关键看它是否导致“可持续发展”。而“可持续发展”又至少有两个标准：一是全球资源是否真正得到合理支配和使用，并且能否导致全球环境的改善？二是它是否导致社会贫富差距的缩小。一个一再要求别国敞开大门，而自己却连《京都议定书》都不肯承认的国家，有什么资格来谈论“全球化”？

楠兄的文章正是针对“可持续发展”而写的。楠兄早年留学并执业于不列颠王国，精通欧美文化，又对中国传统文化有浓厚兴趣和高深修养（他生肖属羊，对“羊”群有强烈的归属感），因而能高瞻远瞩，从历史的高度来考察和纵论“可持续发展”问题。

楠弟（恰好也生肖属“羊”）的文章是1999大会发言的延伸，其主要宗旨是在“全球化”的大形势下探索新的建筑“国际风格”：“跨文化建筑”之必要和途径。也就是说，真正的全球化不应当是你吞噬我，而只能是外来和本土文化的结合。我们只要对照一下上海外滩建筑和石库门里弄建筑，就可以看到何者更有生命力。

当然，文责自负，二文虽然合出一册，并不意味其所有观点完全一致。诚望本册二文，能得到同业的批评与指正。

张钦楠

2006年1月

目录

知其雄，守其雌
——从可持续发展观点论中国建筑与城规特色

钟华楠

一、世纪之交 反思之时

正当21世纪之初，回顾20世纪人类的成就与失败，是很有意义的一件事。但一个世纪中发生的大事何其多，如何选择呢？作为建筑师，视野有限，只能在建筑理论框架里，找寻一个与建筑业有关的题目，或许比较容易。

20世纪末，常常听到“可持续发展”的口号。建筑师说得多了，总统、议员、政客在竞选宣言中也用上了。政府发言人在宣传政府的政策(如国际关系政策、经济发展政策、高科技工业、商业等政策)亦用上了。天下一切事业，都以“可持续发展”为目的，但大多数人是用以作为说服他人和推动他人的政策手段。

究竟“可持续发展”一词起源于何时？什么是“可持续”，什么是“不可持续”？“可持续”是否只能指某人、某企业、某地区、某国或是人类所居住的地球？对甲“可持续”，对乙、丙、丁是否也可持续？

“可持续”发展的狭义起码是指两方面或多方面，如我们日常最注重的是“我”和“我的家人”、“事业”、“朋友”的关系如何可以持续发展？其广义可以说是一个“国家”和它的“国民”，国家与他国之间，“人类”与“地球”的关系如何可以持续发展？我们建筑师关心的是设计的“项目”与“使用者”的关系发展，是否可以持续？这种相互的“关系”的周围，还要看很多客观条件，如“关系”间的经济、人际基础、互保互爱的态度与行动、持续的滋养和生长，能否延续到最长的时空。

但一个人的“可持续发展期”，只限于“这个人”与他“生命期”的时空！所以，“可持续发展”道德上必须顾全到“下一代”的生存，使个人生命、信仰、目的可以延续，才有意义。中国诸子的巨著，两千多年来影响我们，甚至世界，最初多是口述，由弟子写成；二千五百年前的释迦牟尼，二千年前的耶稣，他们的佛经、圣经，都是由弟子记载口述，相传后世。近世的李约瑟巨著《中国科学技术史》，从1954年出版第一册，至今2001年已有19册。李氏在1995年去世时出了17册。但此书由李氏生前已有的“剑桥大学李氏研究所”组织主持，所以在李氏去世后仍可持续地出版。

如果我这个推想是对的话，可持续发展，主要是“人类”与“地球”的相互关系，必须持有互保互爱的态度与行动，和顾存到下一代的延续。

有了这一种假设，我们便可以反思、回顾在过去一个世纪里人类的成败，再大胆尝试推论21世纪具有中国特色的建筑、文化、思想等理论对可持续发展的影响；更奢望中国在21世纪在可持续的发展方向和可扮演什么角色。

要进一步了解可持续发展的“可行性”和“持久性”，我们首先要回顾、了解一些“历史性”的现象；再推论“必然性”的发展。拙文恐怕多是有“论”无“证”，缺乏数据，望有识之士正之和证之。

二、“可持续发展”一词的起源

第二次世界大战后，全球百废待兴。中国再陷入内战之时，美国以战胜国姿态登上了“世界警察”的舞台。美国本土虽然连一场小仗也没打过，但其国内大都市皆存有“贫民窟”(ghettos)，与欧洲受过战争破坏的都市相比，其颓垣败瓦，有过之而无不及。战后美国，作为第一富国，加上政客要改善市容，所以立志重建。

“贫民窟”重建的迫切，其实不单是市容，而是想把多年窝藏在窟里的流氓、小偷、毒犯、甚至杀人犯的巢穴一扫而清。重建阳光充沛、卫生完善、井井有条的住宅区，为此整顿富国市容。当年的黑人抗议口号是“市区重建即是赶走黑人”(Urban Renewal Means Negroes Removal)!

结果是重建投资甚巨。建成后，贫民搬出了，却没有钱租房或买回以前居住过地域重建的新楼房。有钱买楼的人亦因该地域的前居民多是黑人、流氓的“区域形象”，而没有在此居住或买房子欲望。最后，少数中产阶级租房或买房入住，居民寥寥无几。

因为人口稀疏，丢空的楼宇日久失修，警力薄弱，流氓渐渐回流。加上20世纪50年代的规划师、建筑师缺乏区域性安全意识，街巷夜间照明甚差，转弯抹角的地方成为抢劫的“乐园”，盗贼充道。继而猖狂地在光天化日下，明目张胆地施以暴力行径。被劫的受害者虽然大声呼救，住户却是充耳不闻，关门闭户，人人自危。见义勇为的人自身难保，开始陆续搬出，建筑物十室九空，最后无人居住。当然亦无人付水电费，门户破落，垃圾堆积，原居民又大批搬回去。不用交租，不用买楼，贫民、流氓使新区又沦为新贫民窟。政府不能忍受，只有把它再拆或索性爆破，夷为平地。

这类故事详载于由一位美国女新闻记者(丈夫是建筑师)简·雅各布斯(Jane Jacobs)所著的《美国大城市的生与死》(The Death & Life of Great American Cities)，1961年首版。

20世纪40年代英国伦敦满目疮痍，50年代大兴土木之时，城市规划师想出了一个“卫星城”的计划。在伦敦远郊一个小时火车程内兴建新城市，希望把挤塞的伦敦市区内一些破旧的商业和住宅区迁往远郊，使伦敦有重建的空间。有些大型机构，受了政府优惠条件的吸引，迁往新城。但因当时的信息科技原始，交通网和通信设备不足，教育、文化、娱乐等配套设施不健全，首批搬往卫星城的商业机构和家庭又搬回伦敦，卫星城发展不能持续。

在巴西，20世纪50年代兴建新首都巴西利亚(Brasilia)，轰动建筑界的首都设计国际比赛结果，把新首都置于国家地图中心的设计胜出。当时参加评审委员会的委员之一，是我读城市规划第二年任伦敦大学城市规划学院的院长。他回来后作了学术报告，详情记不清楚，只记得他谈到巴西政治家们向往一位巴西建筑师的设计所带出的一个戏剧性的故事。他说“这个设计有两大特点：第一，以迁都址选在巴西地图中央为第一特点！第二，设计者把首都规划建成飞机形状，把行政中枢放在飞机驾驶舱位置，容易控制。结果“中心论”和“拟机论”的两个特点设计获胜！”当然，这是典型英国学者的讥讽评词，有点夸张，但迁都确是一件非常复杂的大事，不可轻举。

后来因为基础设施没有及时兴建，如飞机场、公路网、铁路网、供水、发电、电信等设备，远远比兴建首都建筑物需时更长；又因兴建时输入大量劳工，临时盖搭的营地棚屋，一住便是数十年，变成南美新型贫民窟；投资者采取观望、等候的态度，造成就业机会少，导致发展断断续续。巴西首都发展过程给世界政客、城市规划设计师、建筑师一个很好的“可持续发展”负面教材。

20世纪50年代我在英国的老师，70年代移民到加拿大，著了一本以《建筑与政治》为题的书，其实是叙述英国因政党政治，使建筑业政治化。60年代我在伦敦工作时的设计事务所，老板是工党，我加入时生意兴旺。不足两年，工党大选失败，保守党上台，竟然把设计完成、图纸皆全的项目搁置！推出不同于工党的项目，连建筑师也改聘，多是保守党的！这样的改朝换代不但对建筑业干预，其他如基建、区域规划、城市规划也如是，不但浪费纳税人的钱和专业人士的心血，亦使很多发展不能持续。

大规模的规划，如快速公路干线、桥梁，甚至机场等也因种种原因，不能持续发展，其中比较富戏剧性的书是《20世纪规划大灾难》（Great Planning Disasters of the 20th Century）由霍尔撰写(Peter Hall)，1980年初版。凡是从事城市规划、设计的人士都应一读。

20世纪60～70年代是“现代派”的天下，全球一窝蜂信奉由德、法、美等国家几位现代派建筑师(详情参阅罗小未《现代建筑奠基人》，中国建筑工业出版社出版的《建筑文库》之一，1991年初版，或看《The Master Builders》，Peter Blake著，Victor Gollancz Ltd.，1960)。可惜，不幸的是，现代建筑运动的精神不能保持下来，而且把它教条化。其中因素是理论不能好好地实现，过于依赖机器制成品，建材和建筑物组成单元制度化(如玻璃幕墙、预制构件)，空间概念不够灵活，立面重复、呆板，很多实际的细节不能解决(如外墙剥落、污水痕)，颜色单调等。第一代的精神变为神话，由建筑细节至都市设计都显得生硬、呆板，缺乏生气。美国一位自称第四代建筑师的布莱克(Peter Blake)，被当时同行称为“叛徒”,写了一本书,名为《造型追随失败》(Form Follows Fiasco) 1974，套用现代建筑运动口号“造型追随功能”，讥述以上的失败。其实失败不是第一代奠基人，而是他们的信徒未能持续发展而已。

这种种不可持续的发展，世人有目共睹。以上的几本著作亦唤醒政府、投资者和设计者，建设项目越大，风险越大；不能持续发展的规划和设计浪费甚巨，费时失事。1980年初西方规划师提倡“可持续发展”(sustainable development)的口号，一呼百应。

事实上，可持续的发展，不单是指城规和建筑业。深一层的意义，早已由环保学者发出警告。再深一层的哲理，更早有思想家说出道理了(请参看本文**九**-2及**九**-3节)。不过人类的无知和贪婪自私心，驱使大势走向立竿见影的发展，很少人顾及下一代。更有强权、霸心的国家，只顾自己国家可以持续发展而不择手段，漠视他国的死活！

三、可持续发展——香港模式问题

香港的房地产发展个案，相信已是人所共知。不厌其烦地简略说说。

房地产商品化是经济发展各种支柱之一，如同工业产品、股票、期指、旅游业、物流、矿业、饮食、酒店等。除了可供工作、居住、工业生产等等生活必需“硬件”外，办公楼、住房、工厂等建筑物还可以作为商品买卖和投资。一般国家把医院、学府、博物馆、音乐厅、歌剧院、展览馆、政府机关等公共建筑物由国家或省、市政府发展，是属非商品性的建筑物。一般国家亦有平衡发展计划，鼓励分散投资。就历史、地理、资源(包括人力、物力、资本)等国情，发展平稳可持续的几大经济支柱（如工业、旅游、金融、海陆空航运、物流、品牌设计等）；务使在人尽其力、物尽其用(以最少资源可获最大的利益)的原则下，长远、持久地发展和发达。

但香港是一个很特殊的地方，经过英国人一个半世纪的统治，1997年回归祖国后，至今仍然是一个缺乏归属感的暂时居留所。在这种暂时性的意识形态下，经济发展策略也是摇晃不定，投机性很强。从1980年代初，中英谈判决定香港必须归还中国后，离港移民每年续增。1998年才开始小量回流，不是香港经济发达，而是移民到的国家经济更不景气！香港仍然是一个很大的“国际机场”，一旦有机会便飞往别处。从清末起，香港已是南中国一个移民海外的转口站！

港英政府的经济政策是相当简单的——投资小，回报大；管理少，效率高；需时短，获利快。港英的经济政策也是一个缺乏归属感的短期性政策，它从来没有一个长远的计划。英国一位作家格林(Felix Green)讥之为《香港——借来的时间，借来的空间》。既然是借来的东西，又怎能从长计议呢？

20世纪50年代初，由大陆来了一批人，其中有大量的“劳动力”；同时，也来了不少“脑动力”的企业家。在70年代中便使香港在国际船务航运业上有三个世界级的“船王”。同期，其他工业，如纺纱、制衣、造船、旅游、酒店等，蒸蒸日上：金融业随之发达，刺激和打下了香港企业的基础。70年代末期，房地产业开始抬头。80年代中，香港成为亚洲四小龙，世界投资者无不趋赴。香港汇丰银行也兴建了当时全球造价最昂贵的、高科技的总部大厦。一时小小的香港成为世界最新颖“建筑展览”场地。80年代中，是香港房地产蓬勃发展时期。

20世纪80年代初，由于大陆改革开放，西方经济放缓，香港人口再次剧增，外资继而涌入，房地产求过于供等等因素，导致本港经济转型；房地产一枝独秀，工业开始北移。90年代初，一二年间，十间大酒店关闭，改建为办公大楼；不是业务不佳，而是酒店服务行业需要众多职工和管理人员，而且薪金跃升(20世纪80年代中兴建酒店失控，竞争颇为激烈)，管理复杂，容易形成劳资纠纷。最大的原因是办公写字楼房地产只需少量人力，建成便可租售，干手净脚，管理上比较酒店简单得多。更何况，当时房地产的盈利百倍于其他行业，无往而不利！

港英政府经济发展，几十年来，缺乏长远计划。其实，在20世纪80年代初，来一套全盘计划也不迟。简单的做法，可以仿效世界其他小国，如瑞士、瑞典等，鼓励本地和外资企业家，分散投资。在香港地少人多，金融体制灵活，传统出入口机制畅顺的情况下，在投资工业、旅游业等长线企业发展上，贷款、集资条件上优厚或放宽；对投机的房地产业上，基本资本、贷款条件要求上，比较严格；更可在盈利方面和在课税上作出调整，使香港人继续发挥灵活的企业头脑，继续分散投资。但这样做，港英政府架构，也同时需要在经济人才和组织上有结构性的改造；不但在数量上要增加，而且在素质上也要提高。政府不但没有检讨、重整，更顺水推舟(如买地政策，重建条件等等)，以利为上，最后造成其他工业、企业一窝蜂“转型”投资房地产业。于是几十年创建的工业、酒店业、航运业、制衣业，连传统的酱油业、制漆业等，纷纷把这等辛勤得来的各行各业所占的土地，发展为房地产业。十年之间已产生世界首富多名，最要命的是导致中产阶级受了羊群效应，也投资房地产；劳工阶级也炒房地产股票；工业、企业家的子弟，由外国学成归港的，也由家长劝导或强迫加入房地产业行业。个别学习高科技的子弟，如物理、生化、放射、电子、基因、信息等，回港不能找到高科技工作，更不用说任何科学研究中心，以致无用武之地。当时的家长，鼓励子弟攻读建筑、城规、房地产管理、土地、建筑物测量、估价和结构、土力工程等专业。这种资本投资、学术投资，根本不是投资，而是投机！科技、工业院校毕业的子弟，为避免学非所用，只好当教师，或回到外国去找工作！

港英经济政策，有意无意之间，造成百业不如地产业好。香港十几年间，把工业、旅游、服务、金融几大经济支柱，可谓功亏一篑地断送了前途，化为房地产业，成为惟一的支柱。

1998年亚洲金融风暴，香港的房地产泡沫开始破裂，加上珠江三角洲地带也受香港的房地产业影响，房地产一窝蜂地旺盛起来。港人以一二成的价格，在三角洲便可以购买公寓式的楼房：以三四成的价格便可以购买有前后花园的“洋房”。同时，亦有大批港人回内地工作，只在周末回港，更是在内地租、买物业的理由。不但对香港房地产物业雪上加霜，亦种下即将来临的“烂尾楼”风暴！

造成这种经济局面，只能怪港英政府因利成便的卖地、一律式课税制度、不鼓励分散投资；特区政府没有在激流中勇退（如对房地产盈利抽重税，其他企业抽轻税，甚至优待贷款等措施）；不及时组织金融智囊团献计，在西方的经济游戏规则范围内，如何脱险外，香港和内地的经济专家应该合力研究健全的、“可持续”的经济发展，不致重滔覆辙；使香港和内地走上长线的可持续发展，避免英谚语“把所有的蛋放在一个篮子里”(Put all the eggs in one basket)。但长远的自由经济政策上，不能不作一些计划干预；如贷款，盈利上设置对某种“篮子”鼓励优待；某种“篮子”加以调节、控制。亡羊补牢，现在开始调整，以珠江三角洲为基础，与内地为经济配套，也是不迟的，也是长线可持续发展的一个方法。

目前，香港建筑师可以设计一些多功能在一身的建筑物。比方说，设计住宅的时候，考虑盖成以后，如果住宅不好租、卖，可以用最少的成本改一改，变为酒店，或者是小型写字楼；如果设计工业大厦的时候，考虑适应以最低成本改成住宅、写字楼、展销店。政府要相应地改革土地用途、建筑条例，和在什么情况下可以改的办法。市场经济变量越大，建筑设计必须随之适应，不需要花太多钱，便可以改变用途。这是可持续理论的起码第一步。所以，新城市、旧城市某区重建，也应考虑整个设计、环境，务使改用以后，不单是改用途的建筑物可以持续，而是令邻旁和周边的建筑物和环境也不会受负面影响。

香港政府可能受历史条件影响，如19世纪海盗扰民，二次大战后的几次难民潮，包括越南难民，皆多由海路登陆等因素，至今完全没有考虑发展良好的海岸线。把原有的艇户自我发展的海鲜食店，艇上晚间老百姓的娱乐活动(如“艇仔粥”和唱粤曲)以卫生和管理困难为由，赶尽杀绝。驱使他们登陆营业，把海上食店扫除、填海重建，重演《美国大城市的生与死》的话剧。可是，以小资本的艇户家庭营业方式，怎能付得起重建后昂贵的租金?而且,有些冒险租下陆上店铺营业,亦因失去海面的环境，与其他市区内的酒楼无异而生意冷淡。如此，海边、海上食肆娱乐文化，渐渐绝迹。只有香港仔的巨型“食舰”仅可持续发展，但已沦为旅客式的旅游点，不再是有生命的地道文化了！

还有，香港的传统下铺上居的混合式建筑，与中国沿海的市镇同出一辙，非常适合南方气候。这种商住混合区有店铺和市集，对主妇很方便。必须明白，市集是市区社会活动中心，除买菜外，它是社群生活交流中心。重建政策亦以管理和卫生为由，把卖菜的摊档、熟食小吃摊档赶上高层的“街市中心”；重建单纯住或办公的高层大厦，卫生条件佳，管理容易，但是每个重建的小区都缺乏生气，居住和工作在新建区的市民相遇成为陌路客，所谓欧陆风格的小公园，假期也没有市民进入，如果把鱼鸟市场搬进去，便会马上热闹起来；但也马上会产生“管理困难”问题，所以没有这样的小公园。不培育传统生活方式，不保护一般小市民求生的路子，不鼓励老百姓自己发展起来的小生意，还加上种种限制，甚至毁灭，重建只顾“市容”，没有融入市民根深蒂固的互动生活方式，没有可延续小区生命的，由政客、非专业官员主导的，没有坊众参与的重建，怎能可以持续发展呢?

(详情参阅拙文《香港城市建设的炫耀与贫乏》，中国建筑工业出版社2000年出版之《建筑百家评论集》)

四、保护生态、环境、能源与持续发展的矛盾性

自盘古初开以来，人类与大自然相互关系，由女娲补天，后羿射日至今天，可以分为四个阶段。

第一个阶段是自然生态平衡的时期，人类以采果、捕鱼、猎兽为生，与洪水猛兽竞争，生活艰苦，朝不保夕，养息无常，温饱无保，学者称之为“洪荒时代”。但生活于洪荒世界中，对人类来说是混乱、没有生活、性命保障，对其他存在在这个地球的万物来说，这是一个平等平稳平衡时期。一切事物，包括人类，皆由大自然生态规律管治，几十万年如一日！

第二个阶段是人类开始小规模式改变地球的外表时期，这就是人类懂得种植和畜牧的时代，学者称它为“农业革命”时代。但人类对地球生态规律的改变仍是受制于人，畜力为原动力。开垦平原作耕种，掘池、筑堤养鱼，围地畜牧等活动，规模有限。虽然改变地球表面，但亦代之以植物、动物和水面等大自然的原来因素。由于五谷和牲畜收成比捕鱼、猎兽的日子好过，人口便开始增加。贪者抢劫富者，强者征服弱者，地球上便有城墙、护城河，防御外侵。但最大的万里长城也非常尊重大自然的山峦起伏，盘垣而建。至于大城、小镇的聚居，也是建于平原和河套；其他散居于山麓、河边、沙漠、黄土窑洞，多是与大自然环境结合。所有建筑物多就地取材，无非是木、石、砖、瓦等自然物料。限于人口分布稀疏，星罗棋布；更囿于建筑科技，没有庞然高大巨物，对地球的外表和生态干预不大。可以说，这个时期的水灾、旱灾、火山爆发、海啸、陆沉等天然灾难干预地球现象不比人为的干预小。

第三个阶段对地球生态影响最大，这就是人类开始发明非动物原动力的时期，学者称之为“工业革命”时代。这个时代不但干预地球表皮，也影响了海洋和大气层，最大的生态规律干预是人类的人口剧增。工业革命时代可以说是由1750年至1945年，这个时代要另段加以陈述(请参

看本文“人类科技发展与人口增长的问题”)。

第四个时期是人类与大自然相互关系最恶化的时刻，学者称之为“原子时代”，这个时代人类不但对地球环境、生态、水源大规模污染、破坏和开采，而且大幅度互相摧残。这个时期的后期，有些学者称为“高科技”时代，或“信息”时代。它的特征是滥用能源，滥用资源，滥用科技，滥用武力。由于太空科技的先进，亦干预了地球以外的宇宙环境、生态。

据我所知，最早对环境发出警告是由一位美国女作家卡尔逊(Rachel Carson)，著有《寂静的春天》(Silent Spring)，1962年初版，详述第二次世界大战后，由杀菌药DDT至农药，对树林、农产品、鱼、畜、鸟的毒害，至春天也没有鸟声！随后还写了两部，《围绕我们的海洋》(The Sea Around US)和《海洋的边缘》(The Edge of the Sea)，强调“自然环境”、“自然生态”对人类生存的重要性，可惜她英年早逝。

无独有偶，她和《美国大城市的生与死》作者，两位都是女性。尽管现代科技找不出女人有“天性”的存在，我相信因为女性生理功能可以孕育和生孩子，她们对爱护婴儿的意识，产生无条件的“爱”，是由“护”育下一代开始。所以，无选择地收养被抛弃的狗、猫多是单身中年女性，绝少有男士。东方人，尤其是中国人，比起西方人，比较重视下一代，相信世代相传；而有把个人今生未能完成的责任期望于下一代的愚公移山观念。这种长远的延续态度与文化是有关系的。

加拿大社会学家托夫勒(Alvin Toffler)著了一部《未来的冲击》(Future Shock)1970年初版，已有中文译本。这部书描述了西方的消费社会和消费主义相当深入，由消费刺激生产、刺激经济。他预告了滥用能源、资源和科技的今天。根据托氏的描述与警告，西方式的滥用和挥霍，地球的能源和资源还可以持续发展多久呢？

西方在这个高科技时代有几个特别产品：第一个是世界银行(World Bank)，第二个是世界货币基金(IMF)，第三个是世贸组织(WTO)，这几个机构的同一目的是由美国直接或间接控制(透过“世界八强”,“欧洲共同体”，以至最近的“美洲联盟”等组织，古巴是惟一不被邀请的美洲国家)世界各国经济体系的三把板斧。其中一个致命的手段，是以投资、贷款的方法开发其他较贫穷国家的能源，如石油、天然气、煤矿等石化燃料，伐林和开采矿藏。以技术、科技转让形式在较贫穷国家出产机械产品，尤其是生产污染性、涉及厌恶性劳力、放射性的产品，如化学、皮革、汽车轮胎等。借以保存自己的能源、环境和生态平衡。更使这些穷国永久持续欠债!当然，在这“三把板斧”后面，美国需要一股与世无匹、可持续的武力来作支撑，才能作出软硬兼施，强词夺理的行为!

西方国家美其名之“全球化”(globalization)是一场持续性的经济战，但很多有识之士已认识到“全球化即是美国化”(Globalization means Americanization)。

这个高科技时代另一种特产，便是温室效应。它的形成是这个时代长期以来，由于各种不同的燃料排出二氧化碳、一氧化氮、二氧化硫等废气，直接使大气层升温。除了酸雨，还影响了全球气候，使降雨、天旱、冷温海洋流等反常，专家称之为厄尔尼诺、拉尼娜效应(El Niño、La Niña)。这种效应也可能是由数以几百次在海洋“试爆”原子弹、氢弹积累而速成，但辐射影响海洋生态当然是肯定的。太平洋某些岛人两三代畸形、伤残和基因已受影响，但美国传媒当然低调处理。

令自己国家可持续发展，使他国缩短可持续发展期，是一种杀人不见血的霸权主义行为，起码是不道德的行为。可是，道德、公理在全球化的经济战略中、显然是不存在的。

美国新总统竞选时除了减税，还应允减低温室效应。上任后60天便因美国的工业团体压力，放弃这个诺言，招来国内和欧洲环保团体的抗议。原来美国发电的燃料，一半是靠煤，而烧煤排放二氧化碳量较其他燃料高。讽刺的是由于工业家的利益，对自己国人，包括工业家们的健康也不顾全了!这个放弃控制二氧化碳的诺言传到盟国，也引起盟国人民高声反对。可想而知美国，透过世界银行、世界货币基金和世贸组织三个以“世界”为名的经济架构，在阿拉伯国家、南美等地投资采油矿、污染性工业，根本很少注意减少污染空气、水质，减低增加温室效应等环保问题。

日本几十年来在东南亚伐林，索性把茂盛原始森林的岛屿，整个买下来开采！穷国印度尼西亚没有资金开发木材业，更没有资金搞旅游业，还是干脆把开发权卖给日本人，而日本人以自己岛国的茂林引以自豪。日本人又以“科学研究”为理由，大量捕杀鲸鱼，破坏海洋生态。

整个可持续发展理论基础，当然有赖于自然生态、环境的保护、人类发展方式才能够持续。但有些国家高举多种“全球化”的口号，而进行口是心非的伤害大自然、伤害他国、甚至伤害自己国家的行为。这种矛盾恐怕还要持续下去。这些强国，以为这样可以保证自己国家的持续发展，不顾他国死亡；其实他们的行为正伤害全球下一代，包括他们的下一代。

究竟这种矛盾从何时开始？是谁搞出来的？

当今，各国在利益方面，争持不懈。一方面提倡保护大自然环境、生态、能源；一方面又大量开发、开采。冰封三尺非一日之寒，恐怕不容易一时解冻。加上在地球资源有限的情况下，人类人口持续剧增，整个局面是矛盾重重。

我们不妨看看地球第一次人口剧增的历史，它是现今世界的经济弱肉强食的决定性前因。

五、人类科技发达与人口增长问题

根据一位意大利学者施布拉（Carlo Cipolla）1962年著的《世界人口经济史》（The Economic History of World Population）的估测：

公元前一万年，全球人口不超过2000万人工业革命前夕：

公元1750年全球人口约6.5~8.5亿人

公元1850年全球人口约11亿至13亿人

公元1950年全球人口约25亿人

施氏由1750至1950年的估计，做了一表，左边直线为人口数，下横线为年代：

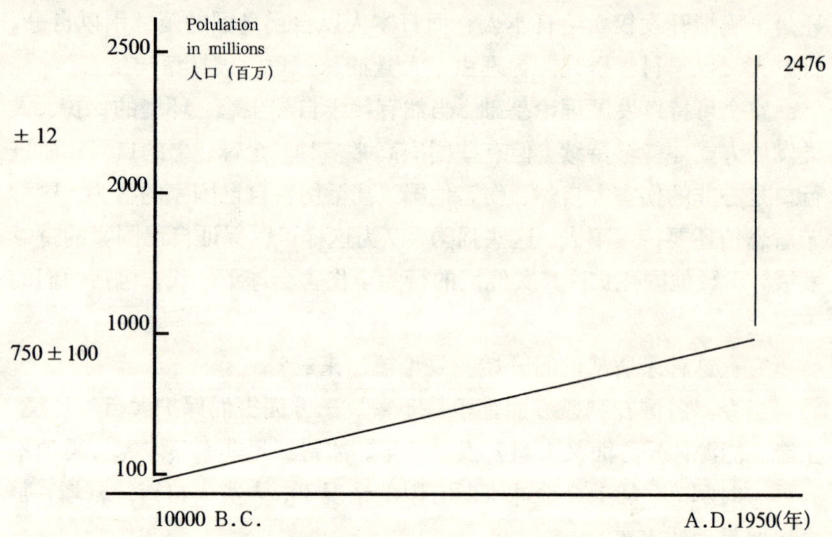

A. D. 1760

The growth of world human population. 10000 B. C. to A. D.1950

Acknowledgement：graph from

"The Economic History of World Population"

Carlo Cipolla　Pelican 1962

由以上之表，可见自工业革命(以1760年为代表开始)世界人口便直线上升。

如果我们能够把人类发明以某种单位量化计算，相信“发明线”与“人口线”的上升是成正比的。

如以1750年人口为最高（8.5亿）估算，1万年中，人口增加约为6.3亿。

在短短的200年中，即从1750～1950年的200年中，人口增加约为18.7亿!

究竟在这短短的200年中，发生了什么事?

我们不妨翻一翻1760年后，人类发明的非人畜原动力的档案：

蒸汽机	1769（年）
蒸汽机小船	1787
蒸汽机渡洋火轮	1819
蒸汽机火车头	1829
....	
内燃机(不需氧气)	1800
石油内燃机	1832
汽车	1895
飞机	1905
....	
电能(Electrification)	1748
电报	1794
电动力(Electrodynamic)	1832
电灯	1843
电话	1879
发电机	1882
电动火车头	1900
....	
X射线	1895

铀元素		1898
质子		1920
中子		1932
铀原子		1939
核裂变		1939

核能的发现、发明研究到德国纳粹党兴盛时期，德国、意大利、瑞士，尤其是犹太裔的科学家纷纷逃离欧洲赴美。美国正需要研究新武器，欢迎这些科学家来美，更倾全力速成原子时代的来临（详情参看《能源世界》，王敏贤、尹日成著，中华书局[香港]1992年初版）。

原子反应堆	（美）	1942
原子弹投下日本	（美）	1945
原子能发电	（苏）	1954

以上资料，足以证明人类在这200年中的发明量恰巧与人口暴升的时间吻合。

所有以上这些科技发明(1750～1900年间)，全部是在欧洲。从1750～1900年这一期间，欧洲人口暴升，而这种暴升不是全球性的。

根据施氏的估计欧洲人口当时如下：

1750年约为1.45亿

1850年约为2.65亿

1900年约为4亿

1950年约为5.5亿

由于科技先进，欧洲人口大量增加，于是开始了人类前所未有的大量移民。直至目前，这段时期的移民使全世界人民引起了情绪上最大的不安和反感，但比起第二次大战时和大战后的难民移民是大巫见小巫。

不要忘记战时战后的移民是生死的选择，饥饱的选择。欧洲工业革命后的移民是向美洲、澳洲、中东和亚洲入侵，盘踞以至占有和统治，这是人类历史上史无前例的对原居民强暴和血腥镇压。在所移到的国家土地上，大量兴建铁路、城镇、海港、运河、工厂、医院、教室和大学，实行取而代之，喧宾夺主。施氏的估计，欧洲人当时移民的数字：

1846～1890年，每年37.7万人

1891～1920年，每年91.1万人

1921～1929年，每年36.6万人

在1846～1930年，大约移民达5千万人。

根据另一位专家库辛斯基教授(Kuczynski)的估计：

全球人口在1800年约为9.1亿

同年欧洲白种人人口约为2亿

全球人口在1930年约为20亿

同年欧洲白种人人口约为7亿

这个数据即是说，白种人人口在1800年占全球22%，1930年占全球35%！

这段人口和移民历史说明欧洲白种人和他们的后裔，不是在现在才只顾自己利益，而是在工业革命后，由于科技先进，人口骤增，向全球移殖，只顾存在所占地如何进行“可持续性”的发展，妄顾本地人的利益！

其实在这段时期，欧洲白种人的侵略，已经波及亚、非、拉国家，西印度群岛和加勒比群岛。英作者劳伦斯·詹姆斯(Lawrence James)著《大不列颠帝国的兴衰》(The Rise & Fall of the British Empire，1994年初版)，详尽记述大英帝国的侵略史外，他认为：

> “进步与工业革命是不能分离的，从18世纪中叶初始至1860年几乎完成。大量的生产工业与人口暴升同步：在英联邦的人口，由1801年的1000万升至1871年的2200万。人口暴涨，迫使产品增产和降价，带来了工人的低薪。1834年的“穷人法”，迫使失业和穷人移民，帮助了工业家。”

其他有很多著作，都有记述西方人为了使自己国家的发展持续，不惜驱使自己国民离国求生。欧洲白种人，还有一页不光彩的历史，就是贩卖黑人奴隶，使本地人不能持续发展，只顾他们自己的发展可以持续！

现代“西方”(包括日本)的“可持续发展”仍然靠扩张和侵略(以军事支持经济)，这种手段和策略已成为他们的惯性传统。

六、美国在21世纪的发展可持续否的问题

中国在21世纪的经济持续发展是锐不可挡的，是全球人民的共识。它的最大变量是美国的干预。那么，我们不可忽视美国自己在未来的几十年的变量，让我们试想，这二三十年是怎样的一个美国?是否物竞天争、弱肉强食也可以施诸于人类?是否霸权可以持续发展?

先看美国的外忧：

- 全球化的国际会议，这几年来遭到各地人民的示威、反对，原定在美国的西雅图的世贸会议也开不成。反对全球化的不单是弱国国民，而是包括美国工人及农民。美国的全球化只对某些财阀有利益，对劳动阶级及某些行业并无保障。可以说为了少数人的利益，美国政府竟然出卖自己人民。在国外这个全球化将会继续受到反抗。
- 世界银行、世界货币基金、世贸不会很顺利进行。穷国已联合起来要求富国放弃强迫穷国还债，给美国和西方富国带来不少麻烦和压力。
- 美国在全球的军事基地，因军事演习、训练失事，士兵行为不检，越来越多、越来越严重，遭到当地人民强烈反对。这些基地会逐渐减少，亦可能遭到破坏。
- 欧盟逐渐脱离美国的指使和影响，使美国采取单独行动，甚至不知会盟国，使美国在国际行动上受孤立。
- 中、南美及西印度群岛的国家与美国有新仇旧恨。美国的黑奴不少是在这里被捉去贩卖的，现在已存有不少矛盾。古巴是惟一不受支配的国家，对美国是一个很大的变量。

- 长久以来，美国在中东石油产国，由经济干预石油产量和控制国际石油市场，至军事侵占，促成“恐怖分子”的成长和报复。这可能是美国最大和最持久的外忧。

美国的内患：

- 首推是庞大的军费，逐年增加，课税加重。
- 没有使命的战争，“越南战综合病症”至今仍影响参战者，长远可能影响士气，反战者日多。
- 黑人、西班牙裔人会继续找机会破坏社会秩序，西班牙裔人口会继续剧增。
- 从10世纪至今的“十字军东征”意识形态，基督教日渐衰微，会继续使西方白种人成为回教徒的复仇对象；可能把“圣战”带到美国本土（小型“圣战”已在纽约发生过）。
- 反战、反政府、反对政府干预宗教、邪教自由，会继续破坏政府物业、包括生命，此类破坏已在美国发生过。
- 美国年轻人一代比一代找不到人生目标，吸毒增加，枪杀同学案件增加，家庭破坏增加，形成严重社会问题。
- 最后是贫富悬殊，本来已是结构性的经济问题，因生产由自动化变电子化，生产线外移至他国，使更多人失业，都市便成了社会治安的计时炸弹。三十年来某市某城常常有市民、穷人小暴动，将来必有一天，所有都市同时发生大暴动，一发难收！

未来的二三十年是美国变量很大的时期，“弱肉强食”是否在人对人也可以施行使用?亦可以渐渐分晓。要持续为“世界霸主”恐怕代价很高，或会带往自我灭亡之途。美国的内患恐怕比外忧更快使这个霸权国家衰弱。

七、中国特色可持续发展问题

21世纪初，建筑或都市设计的可持续性发展的问题很重要。但我觉得中国自己的国家生存可持续与否诚然是更重要。

拙文以上所说的“可持续发展”的范围甚广，不单是指建筑、重建、新城市规划或设计，而且包括大自然环境、生态、能源、学术、经济等发展。

一个国家的可持续发展，可以令他国“不可持续”!这个问题我们不能不正视。中国自从19世纪列强入侵，一百年来，内忧外患，经济崩溃，不用说城市规划、城市设计的发展，连建筑业也不可能发展!所以，最基本、最重要的发展是一个国家有发展经济的可能性。在这个大前提、先决条件下，我们不得不探讨我国可持续发展的问题。

我保留“文化发展”到最后的原因，就是因为“中国特色”，可说是“文化特色”。与我们中国古老文化的坚持耐力相比重的还有埃及、中东和印度文化。这四个民族发展了五六千年，路途崎岖，但总算还“活着”。回顾中美洲玛雅文化(Maya)、巴比伦帝国、罗马帝国、大英帝国；再近者如前苏联、德国的日耳曼民族主义，日本军国主义下的“大东亚共荣圈”皆已灰飞烟灭。

我们急需研究的是这四个古老文化会不会可再持续发展五六千年？为什么那些帝国、军国不能持续发展的共同点是有目共睹的：穷兵黩武，扩张太大，只顾自己发展，妨碍甚至防止他人发展；四处树敌，到处遭遇反抗，军备昂贵，军力疲于奔命。用一句中国话说，他们不顾天理，不顾人道，所以不能持续。

但西班牙人侵略墨西哥玛雅，以铁制军器和火炮战胜石和箭的原始武器，全无天理、人道可言，弱者几至灭族(1520年)，而西班牙裔人仍然在中美、南美持续发展。我们又可以找出什么规律呢？20世纪的巨无霸美国，是否可以在21世纪仍然能以达尔文主义的“弱肉强食，适者生存”的生物规律继续横行呢?

中国传统文化，特色在历代有各派哲学，而无宗教。有之，是一个儒、释、道的混合体，老百姓把这个混合体建筑于膜拜祖先的基础上。

从周易的易经至春秋战国诸子，到现在还是注重中庸平衡，发乎自然、兼相利、兼相爱、世界大同。这个富有中国特色的社会主义，就是以美国为首的西方列强，以基督教为名的原欧洲白种人所最忌的！因为它给世界人民提出了另一个选择。更何况中国没有宗教政权，没有扯上“圣战”的旗帜，但代表了一股强大的力量。中国与美国在历史上没有深仇大恨，不像日本。美国侵略日本初与英国同步，后在1854年，独力把强大的舰队在日本海港陈列，不用发炮，迫使日本开放两口岸，与美国签不平等条约通商，这是奇耻大辱，开始了明治维新，亦解释了偷袭珍珠港的行为（详情参看《日本帝国之兴亡》，由美国作家詹姆士著，1951初版，The Rise and Fall of the Japanese Empire, David H. James, Allen Unwin及A History of Modern Japan, Richard Storry, Pelican, 1960)。

为什么二次大战后美国认定苏联为冷战的对象；苏联瓦解后，为什么又把矛头指向中国呢？

为了应付太平洋战争和支持欧洲盟国，美国在第二次大战时，发动全国加速军备及制造战舰、飞机、军火，训练战斗人员；其军事管理和指挥系统及庞大的重工业和战争组织为历史上前所未有。二次大战后所剩下来的是一副现成的战争机器：一是退役军人，大批留下成为常规职业军队；二是军备生产行业已是上了轨道，成为非常成熟的工业；加上俘虏了德国军事科学家回美，成为了世界上一支最大规模的高科技、最先进的武器制造工业，战后百废待兴，这武器制造工业便成了一枝独秀的行业，变为美国往后大半个世纪的经济支柱之一；三是退役的情报人员和器材在战后两年便组成中央情报局(CIA)，继续发展这个“战争机器”(War Machine)！

要维持这个庞大的军队、军备工业、情报机构成为“可持续的经济发展”，它最大的敌人便是世界和平！它最需要的滋养是全球烽烟四起！如果世界没有烽烟，它便要挑起国家、民族间的矛盾和冲突，便可出售他们次等的武器。如果挑拨不太成功，索性扮演世界警察，直接干预，挑衅。这个规律一是可以使美国武器成为世界最大的消费品；二则可以不断地锻炼“战争机器”，精益求精，掠夺他国原料和财产。出售的武器当然是超产的、积压的、过时的剩余物资；去支持发展最新的超级武器，达到支配世界的野心。

美国政府的政策靠国会，国会的运作由财阀和四大军火企业出产商支配。如果政客（包括总统）不听话，便遭意外死亡或刺杀！政策亦靠以CIA为首的庞大宣传机器，统领报纸、杂志，美国之声(VOA)，电台、电影、电视等一系列传媒，去制造美国敌人，以达到其外侵、团结本国、统治他国经济发展的目的。所以美国选定的“敌人”必须是除了美国是最强的，先是苏联，继是中国，使美国能有持久性的敌人，就是这个道理。

我们要研究分析中国在21世纪如何可持续发展自己的经济，不能不研究分析美国的全球化经济发展和支持它全球化经济可持续发展背后的军事力量。这是西方以盎格鲁－撒克逊人(Anglo Saxon)为首的现代“十字军”的传统，他们深信“物竞天争，弱肉强食”的规律。

以《中国特色的建筑理论框架》为主题的文章，相信我已是超出了“框架”的范畴；但只能以“中国特色”，或是“中国人特色”作解释或作理由，乃至浪费读者时间。如何使中国经济、文化可持续发展，避免目前与美国硬碰，是一个非常迫切的问题，可能是中国目前的所有可持续发展的最大障碍和危机，故不能不花一些篇幅讨论。但这个问题在广义上还可以说得过去；在狭义上，不能继续长篇大论。我希望往后还有机会与关心这方面的人士讨教或详细讨论，现暂告一段落。我想以西北大开发作为一个小结。

中国西北大开发，除了发动全国精英，共同计划献计外，我们不要忘记本地人民的基本利益，从各种资料显示，这也是中央多年来实施的政策。中国特色就是顾全下一代，顾全到各族人民的幸福，也更需要考虑到如何才能可持续发展，这是大前提。

以现今的国情看，中国需要尽快尽量开放，尤其对美国、西方国家和日本，使他们不但投资，还要优待鼓励，还要欢迎他们家人来华居住。趁着美国经济放缓，西方经济停滞不前，日本金融频临崩溃，在这种情况下，并不等于个人、个别企业没有钱。反之，他们的资金不知道如何投资?环顾全球，他们当然以政经稳定、发展有前途的国家为首选。亚洲金融风暴后，亚洲各国已渐有起色，尤以中国为最。

以上海为例，根据一位西方记者报导(香港南华早报2001年4月12日)，上海已有：

“1000家美国公司和工厂，雇用10万中国职员和工人。

每月约有50家美国公司申请加入中国总商会，美商在中国之会员(在中国总商会)已达1700家，仅次于东京和香港。

在沪投资60亿美元

美国领事说：现在有54000中国学生在美留学。

美国与中国大学生、旧生会已有感情上和投资上的关系，其中大学有哥伦比亚、康奈尔(Cornell)、哈佛、麻省理工、斯坦福、芝加哥、加利福尼亚、耶鲁等著名学府。

上海有2300名美国人居住，还有3000~4000人没有在美领事馆注册。

上海已有两家美国国际学校和其他国家的国际学校。”

我个人认同西北大开发，可以鼓励美国人投资(尤其是美国所需的石油产业)，更希望他们家人同来。沿海大都市应向上海看齐，使更多美国人，专业人士、专家、科学家、教授、学生来华，包括家庭。第一可以尽快使两国人民互相增进了解，减少猜疑；第二可以促进中国经济、科技发展：第三，减少美国突袭中国的可能性。从海湾战争和轰炸南联盟的战役，便可以知道美国没有公民和大量投资在这些国家。

中国要更注重信息发展，宣传国家政策，影响世界舆论，吸引西方国家投资和“移民”到中国来。在未来的三四十年的经济发展，最为至要。在这三四十年中，美国一向的扩张经济政策和阻压他国经济发展的手段相信会招到上段所述外忧、内患因素缠绕，其变量或可能更大。在这段时期，中国集中继续发展经济，是一个可持续的办法。

(以上**一**~**七**在2001年5月因病停稿，以下**八**是完成于2003年5月。)

八、"中国建筑理论"持续发展的问题与展望

1．前题后论

我把前题放到最后，主要理由是因为感受到"国家民族的可持续发展"远比"中国特色的建筑理论的可持续发展"重要得多；国家民族的生存比个人的生存重要得多。专业人士往往把自己的专业尊严看得过重，而把视野收窄了。

前题后论的其次原因是因为建筑事业，包括建筑、城市、基建等设计、兴建和理论是非常被动的。其原动力要靠经济发展蓬勃、政治稳定、人民安居乐业、长期无外忧内患等主要因素，才能持续发展。

所以拙文花了不少篇幅，先说明这个道理。我认为有了持续发展，才能有自尊心；有了自尊心和信心，理论便悠然而生。所以，这个"中国特色"的题目已告诉我们，大家对"建筑理论"有所期望，是应运而生的时候了。

事实上，"有中国特色的建筑"在列强入侵后至共和国成立(约1840~1949年)这一百多年来，已是不能持续发展。可以说这段"脱产时期"影响深远，主要是经济崩溃，"建筑文化"受到空前的冲击。试看近二十年来的"建筑业"何其蓬勃!上海浦东是一个惊人的例子。但是，中国文化人，甚至有些外国建筑师朋友对浦东的蓬勃发展发出疑问"中国特色的建筑文化到哪里去了?"

为什么我们的领导人、房地产商、甚至作为消费者的老百姓(购买房屋者)都喜欢西方式、欧陆式、威尼斯水乡式、法国凯旋门式的建筑物?

主要原因有两个：

其一是很多现代建筑类型在中国一百多年的动乱中，没有兴建如机场、歌剧院、摩天商住大厦等，要从头学习赶不上，不如照抄或请外国建筑师来办，希望这是一个快完结的过渡时期。其次是在过去一百多年中列强在中国各都市的“租界”兴建大量商业大厦、住宅区(如上海、青岛、厦门鼓浪屿、广州沙面等)，这是在中国政权流失、经济崩溃、人民生活艰苦、百业不兴、建筑业瘫痪、老百姓对中国传统文化失去信心、患难交迫时期外国却在中国兴建了不少颇具升平景象的建筑物。改革开放后，经济复苏，建筑业空前蓬勃，却没有中国特色的建筑可当模式，只可以抄袭羡慕已久在中国土地上的殖民地风格建筑。经济条件转好时，索性聘请洋建筑师来华设计。这是一般老百姓媚洋的心态，也是可以理解的。但对应有中国文化意识的建筑师而言，这个时期正是文化回归的好机遇，应迫不及待地重新振兴固有或创新中华建筑文化。

2. 有关论题的定义

先谈“理论”

康熙字典只有单字“理”和“论”。“理”的词汇有“义理、天理、料理、地理、脉理、肌理、伦理、媒理”等。“理”作名词’可作“道理”的意思：动词则作“治”的意思。“论”者“议也、说也、伦也、思也、伦理、言论也、细译讨论也、说论”等。从这些词汇选出现代语的组合可拼“说论、道理”便成为“道理的论说”。

所以，王云五大辞典(1950年版)以“理论”为名词者，即“根据理想的议理”：如用为动词者，即“根据道理来讨论”。

辞海(1965年新版本)比较详细：

1) 指概念、原理的体系。是人们综合感性的材料加以整理和改造而达到的思维成果。科学的理论是在社会实践基础上产生并经过社会实践的检验和证明的理论，是客观事物的本质、规律性的正确反映；它是同错误理论不断地进行斗争发展起来的。科学理论的重要意义在于能指导人们的行动。没有理论指导的实践是盲目的实践。但理论必须同实际相结合，脱离实践的理论是空洞的理论……

2）讲理；辨别是非……

但是辞海的解释引入“科学的理论”和“错误的理论”而把定义复杂化。正如把“人”字下定义时，却引入什么是“坏人”，什么才是“好人”一样。

我怀疑“理论”两个字合用是20世纪的事，应该有“学说”的意义。

牛津字典(The Shorter Oxford English Dictionary on History Principles 1983)：理论（Theory）在1597年解为“沉思、思考”(Contemplation)，“推测”(Speculation)。到1792年，可作“假设”(hypothesis)，甚至“个人的见解或理念”(an individual view or notion)。

很明显，文字随着时代而改变意义，更随着时代而有新文字和词汇。牛津字典以上的“理论”变义恰巧反映了欧洲的文艺复兴时代(Renaissance)和“浪漫主义时代”(Romantic Movement)，由科学兴起至对人性、唯美、大自然的罗曼蒂克式赞颂与崇拜。卢梭、康德、拜伦便是这个浪漫主义时代的姣姣者，以“个人的见解或理念”作为他们的“理论”定义，再切合不过了。

为什么花这么多唇舌对“理论”定义作推敲呢？如果我们以辞海的定义为准则，可能一生也没有能力作出一个“正确理论”，或斗胆说出一个“经过社会实践的检验和证明的理论”来。这对我们今后的“持续发展”没有帮助。我不是鼓励胡说八道而是培养一种敢想、敢说的理论精神，甚至是浪漫主义的假设和推想。

西方现代学术研究有“纯理论”，或比较注重推想，而不受实验束缚，如物理、天文学理论中的爱因斯坦、杨振宁和霍金等，都是理论家中的姣姣者。

霍金(Stephen Hawking)是20世纪奇才之一，他从小便患上很多疾病(包括肌肉萎缩症)，是一个纯宇宙物理理论家，著有《时间简史》(A Brief History of Time, Bantam Press, 1988)。他的“理论”定义是：“一个好的理论需有两个要素：第一，它必须能准确地描述大量观察，并把它们归纳到一个模式，而这个模式只有很少武断：第二，它必须能明确地预测到未来观察的结果。”内容意译，把原文录下：

A theory is a good theory if it satisfies two requirements: it must accurately describe a large class of observations on the basis of a model that contains only a few arbitrary elements, and it must make definite predictions about the results of future observations.

他继续说“任何物理理论常常是暂时性的，换一句话说是假设，你永远不能证实它。无论实验结果如何与理论吻合，你不能够肯定下一回的结果不会与理论互相矛盾。”

但是不要误解以为我是反对实验和实践，绝对不是！只是在没有机会或没有能力进行实验、实践时，亦可以尽情和尽力大胆发挥理论。实验和实践可以否定，亦可以促进理论的成熟，而且在实验和实践过程中可以触发新的理论，它们是互辅互承的，对两者都有好处。其实老子早已说“道可道，非常道”了吗！

现谈“建筑”：

康熙字典

没有“建筑”这个词汇，单字“建”多作“建立”、“竖立”的意思，“先王以建万国亲诸侯”。

王云五大辞典（1950年）

“建（动）建立，（名）月分，（例）大建：＝每月三十日的阴历月分。”

“建筑：起造房屋”。“建筑学：研究关于建筑事项的科学。”

辞海(1936年)

“建筑：利用各种材料，建造道路、桥梁、房屋、塔堡之属，均为建筑，所成之物，称建筑物。”

“建筑学：研究建筑之学科也。有从审美见地研究者，重形式、图样；有从工程见地研究者，重工作、材料等。”

辞海（1950年）创立、设置。

建筑1）各种土木建筑工程的建造活动。2）工程技术和建筑艺术综合创作的过程。

建筑学：研究设计与建造建筑物和构筑物的全部过程的一门学科，是工程技术和艺术的综合创作……

建筑艺术：通过建筑群体组织、建筑物的形体、平面布置、立面式样、内外空间组织、装饰、色调等方面的处理所形成的一种综合性的艺术。

牛津字典 Architecture(1563年)来自拉丁文 architectura。

The art or science of constructing edifices for human use, specialized as Civil, Ecclesiastical, Naval and Military. The action or process of building(1646)…… A special method or style of structure and ornamentation 1703. Construction generally 1590. 又 Marine Architecture 1800……

中文、英文的“建筑”在各时期都有各种用法和解法，其意义是差不多，但其意义不出“人造环境”的范围。

建筑理论便是有关建筑物设计、建筑群布局、建筑材料、结构、技术和艺术的思维。

如果我们稍微注意，定义是跟时代而转变。

3. 原始建筑理论

最原始的建筑理论应该是如何营造一个既蔽烈日、遮挡风雨，又可防猛兽的结构；它既要省人力、省材料、省时间，又要牢固。人类走出穴洞后的居住便面临第一步“人造环境”的考验了。

《西安半坡》（中国科学院考古研究所编，文物出版社，1963年）中载，遗址的房子有三种形状：方形、长方形和圆锥形。看到这里便推测，“如果我是半坡人，一定会建圆锥形”。继而推测，“圆锥形肯定比方形和长方形多”。再往下阅，果然，方形有三座，长方形有三座，圆锥形的有三十一座。半坡人(新石器时代晚期仰韶文化，距今约五千多年)经年地盖搭这三种形状的房子，最后得出一个实践的教训，这便是圆锥形比方形(金字塔形或是长方金字顶形)更稳固，更省工料，更适合在中央设置灶坑的生活方式。我的推测当然是不公平，因为我不是原始人，而是现代建筑师，有一定的结构常识。这可能是最早的“营造概念”、“建筑理念”，是建筑理论的雏型。当然，盖圆锥形的房子这个概念没有文字记载，只能靠经验的累积，靠年老一代向年轻一代口传。

但是这个原始“营造概念”暂时只能是限于西安半坡而已，因为还有其他新石器时代的文化遗址尚待考证，究竟“圆多方少”这个理论能否成立?除了方圆形的问题，还有什么其他特征或特色?“天圆地方”是不是中国的建筑特色？为了考验这个“概念”的普遍性，如霍金说好的理论的第一个要素，参考《中华文化辞典》(广东人民出版社，1989年初版)，略述如下：

牛河梁红山文化“……祭坛遗址由一圆形坛和一方形坛组成，象征天圆地方”。“建筑布局，左右对称，主次分明……”

新乐遗址“……遗址发现一座平面圆角长方形的半穴地式房屋，面积相当大，居中央有个椭圆形灶坑……”

仰韶文化“……年代为公元前5000年至公元前3000年。在仰韶文化层中发现有圆形和椭圆形窖穴……”

磁山文化“……遗址中发现两房基，均为半地穴式的圆形或椭圆形建成……”

大溪文化“……房基一般有圆形、方形、长方形几种……”

姜寨遗址“……面积五万五千平方米，居住中心为一面积较大的广场，四周地势较高，有五组建筑群。东、西、南各一群，北面两群。每群建筑以一个大型房屋为主体，附近分布着十至十二座小型住屋，共百余座。房门均向中心广场……”

(很可惜没有叙述房屋的平面形状!)

庙底沟遗址“……仰韶文化和早期龙山文化遗址。发现房屋二座……为方形半地穴式……在龙山文化遗址中，发现房址和窖址各一座……房屋是圆形袋状、穴白灰面建筑，有阶梯式门道，室内有一大柱洞。复原后是尖锥顶的房屋……”

大河村遗址“……在建筑遗址中，新石器时期的房屋大多是地面建筑，只有个别半地穴式建筑，多东西向排列，单体房屋较小，较大的房内出现了套间，采用“木骨整塑”法，土木混合结构。地穴大都与房屋交错并存，多为圆筒形和椭圆形……”

经过简短的考证，原始房屋平面多是圆形似乎是一个特色，但是这个特色是否是中国特有之特色?这又成为另一个非常重要的问题了。

对西安半坡和其他遗址的粗略认识启发另一个问题，便是“美感”究竟在营造结构时有没有考虑？从遗址出土的器皿中，玉饰、石饰、陶器、石斧、石齿、石镞、磨盘、磨棒、煤精工艺制品、木雕等，都有丰富的图纹和造型，尤其是最早的龙形图案，这又使我认为营造房屋时没有可能完全不顾“美感”。“龙纹”是中华民族的特有“图腾”，这算不算是中国特色?(对中国图腾文化有兴趣的读者，可参看《闻一多全集》的甲集)但中美、南美的印加文化亦有类似龙形图纹的雕刻，是否代表新石器时代一般的特征，而不是中国独有？

什么朝代方开始有中国特色？什么朝代这种特色成为规律性？这个便成为一个相当重要的课题。还有，必须要与世界其他民族的文化比较下才能说哪些才是中国特有?这个研究是相当必要而是有意义的了。

4. 原始时代的中国特色

中国新石器时代是否已有“天圆地方”的概念？“天圆地方”的建筑概念是否中国独有？“天地玄黄，宇宙洪荒”时代如果在中国尚未有特色，何时才开始有?中国建筑于何时与世界各地不同？相同的又是什么？恐怕这些极有意义的问题有待学者去研究。我这里只能尽己所知说一说。

如果所谓“天圆”和“地方”是指一些平面或剖切面带有圆形的建筑物或膜拜的石堆的话，全球各地也有，不限于中国，而且为期更早。

远在旧石器、中石器及新石器时代，地处五海之间(即红海、地中海、黑海、里海及波斯湾为边缘；以底格里斯河与幼发拉底河为中心)的美索不达米亚这片大地上，已有大量由一万多年前至五千年前的圆平面和圆屋顶的房屋(参看“Ancient Architecture— Mesopotamia，Egypt，Crete，Greece”，Harry N. Abrams Inc.，Publishers 1974出版，Pier Luigi Nervi 主编)。“Sir Banister Flecter's A History of Architecture”第二十版，由Architectural Press 1996出版：在爱尔兰有五六千年前的圆形圆锥墓穴和大型石围多个，其中最著名的是在Newgrange，我参观过：也多次参观过约四千六百年前在Wiltshire郡的Stonehenge，也是巨石柱围成圆形。埃及的著名金字塔是方形平面。在非洲各地皆有圆顶的住所，有用木和草建成，有用泥塑成，也有挖石洞的(参看“Shelter in African”，由Praeger Publishers 1971出版，Paul Oliver主编)。在“Architecture Without Architects”(The Museum of Modern Art，1965年出版，Bernard Rudofsky著）一书里，1世纪时代罗马的巨型建筑Pantheon不但有圆形平面，半球形立面，更在半球形穹窿顶部开一个圆孔！

至于民居四合院式的房子，我见过的有罗马时代被火山爆发所掩没的庞培（Pompeii）城里属公元前2、3世纪的建筑物，有天井的住宅为数不少。时至今日，在非洲各地及沙漠地区也有不同时代的四合院式房子。理由是：如果要防盗，窗要开得很高，采光不好而且开关窗子不方便。把房子围成方形，在中央有空地用以采光和通风，便成了四合院式的基本因素。所以四合院也不能算是中国独有的特色。

我认为原始时代的地方特色较少，或可以说不够显著。

5．古代的中国特色建筑理论

所谓“古代”，我的定义是从有文字开始的整个奴隶社会时期，即从商、周、春秋战国以至三国(三国是由奴隶社会转为封建社会的蜕变时期)，在这个约二千年左右的漫长岁月，哲学家冯友兰称之为“子学时代”亦称它为“上古哲学”，(中国哲学史，冯友兰著，三联书店香港有限公司，1992)就是指自孔子至淮南王。由董仲舒至康有为是“经学时代”，亦称它为“中古时期”。

(1) 上古特色

中国上古时期的哲学特色由《周易》开始。“周易是一座神秘的殿堂”(中国古代社会研究．郭沫若．香港三联书店，1978)至春秋战国的诸子百家争鸣。从“神秘”至“争鸣”可以想像这二千年的哲学思想是非常蓬勃和充满斗争的。

根据朱佰昆著的《易经哲理史》(北京大学出版社，1986年首版)，“周易是我国一部古老的典籍，其流传已有近三千年的历史”。“历代的易学家也研究《周易》中的义理，特别是哲学家们依据其对义理的解释建立和阐发自己的哲学体系。他们对《周易》义理的解释和对其理论思维的探讨，涉及到宇宙、人生的根本问题，包括哲学基本问题和事物发展的一般规律”。朱氏在“阴阳变易说”篇指出：“晋人看到的战国墓中出土的有关《周易》著作，有一个显著的特点，即将“易卦”辞同“阴阳”观念联系起来。”又“到了战国时期，道家的创始人老子，发展了春秋时代的阴阳说，以阴阳为哲学范畴，解释天地万物的性质……道生一，一生二，二生三，三生万物。万物负阴抱阳，冲气以为和。”“其所谓阴阳，亦指阴阳二气，但认为二者相交则生万物，所以万物具有阴阳两个方面的性质。”

那么，什么时候这些哲学理论用诸于建筑或影响建筑行业呢？哲学理论在什么情况下变为建筑理论呢？

根据《中华文明传真》(10册之第2，刘煤主编，尹盛平著，商务印书馆，2002)，商朝最早的都城西毫是“商王精心选择洛水……北依邙山，南临洛河，是控制东西的交通要道，这一带原是夏王朝统治的心腹之地，也是当时经济文化发达的地区……布局强调以王权为中心的统治理念(西毫约建于公元前18世纪)。”商朝最大的都城是郑州(约公元前16世纪)，“从建筑特色来看，当时比较重视政治建设，不像早期商城强调军事城堡等设施，由此推测当时的政治局面已渐趋稳定。”商朝最后的宏伟都城殷都(公元前14世纪)，“宫殿和宗庙建筑比商朝早期都城规模更大，体现了商朝晚期社会发展的最高水平。”“盘庚将都城从奄迁到殷，自此直到商朝灭亡，整个商朝中晚期均以此为都邑，共经历八代十二王，长达二百五十三年。”“都城是国家的中心，也是王朝盛衰的象征。河南省偃师商城、郑州商城和小双桥分别建于成汤初立商王朝至盘庚的三百多年间，都城的规模，较诸夏朝更加壮观，正好显示商朝如日中天的国势。然而，商城虽宏伟，但商王室并未就此安顿下来，就如先商时期一样，商人仍然多次迁都，至商朝中期迁到殷都以后才告停止。”

尹氏说明商人迁都是有其他客观原因，而且历时(公元前1600～前1046年)五百多年之久。每次迁都除了“相”(理性、科学性的选择)，亦有“卜”(求神问鬼的方法)，加上“王权”(就是专制君主的爱恶)，便是构成有中国特色的古代建筑理论的三种主要元素。而这三种元素最有特色的要算是‘卜’，就是被王权控制下的宗教，是充满神秘而残酷的鬼神崇拜，出土的人殉、人祭和牲祭便是证明。所谓趋吉避凶者是商王趋吉避凶，其他人，尤其是奴隶，只能作王室御用占卜师的祭品。

晚商及西周(公元前1046～前771年)的文化特色首推是“周礼”和“周易”。

尹氏认为“周人代商而拥天下，治国的方法与商完全不同。周朝改商朝“巫君合一”的统治方式，代之以人文文化的、重视血缘关系的宗法和封建制度……能定宗族内的长幼尊卑，稳定社会秩序。”

周朝虽有一套尊卑的封建“制度”，但仍属“奴隶社会”。比奴隶高一级的便是庶人。尹氏续说“西周贵族阶层享用礼制。但‘刑不上大夫，礼不下庶人’，是西周社会的一大特征。”

这个社会特征亦是周朝建筑理论的最大特色。

根据贺业钜《考工记营国制度研究》(中国建筑工业出版社，1985年)的前言:“现在传世的先秦文献中，惟有春秋晚年齐国官书《考工记·匠人》“营国”一节记述较为详备。我们从这节书所留下的史料中，可以了解西周初的城邑建设体制、规划制度、乃至规划方法。”

《周礼》之名义虽然是记述西周之官职礼仪，根据1965年新编本《辞海》，它是“儒家之经典之一。搜集周王室官制和战国时代各国制度，添附儒家政治理想，增减排比而成的汇编……定为战国时代作品。”

古代中国建筑理论特色最明显的是与《周礼》六官(天、地、春、夏、秋、冬)之冬官有绝大的渊源。

“冬官考工记之官职为“百工”乃“司空事官”之属，放天地四时之职，亦处其一也。司空掌营城郭，建都邑，立社稷宗庙，造宫室、车、服、器械：监百工者。唐虞已上日共工。”

又“凡攻木之工七，攻金之工五，设色之工五，博植之工二。”

其中木、金、皮之工皆与钟、鼓有关。与工有关者为造“车”。钟鼓不但是器，且有“官”职之人造之、营之。

上至王公，下至社稷宗庙一切之祭典礼仪皆用。

“凡冒鼓，必以启蛰之日”，孟春之中也，惊蛰，冒鼓以革。

《考工记》中之“匠人营国，方九里，旁三门。国中九经九纬，经涂九轨。”后之制度，制定了中轴式的城规。

单从《周礼》的皮毛考据，已知道中国古代文化发展到周代已是“形制化”，至秦更晋至度、量、衡的“标准化”，统一了由“营国”(城都建设)至宗庙，宫室至造车、服装、颜色；甚至钟、鼓，皆有制度，并有官职之人造之、营之！在这样的严格法则、法式、规律、制度下，那有人敢违法违规？根本不需要创造、启发的勇气或头脑，万事有法、有规可沿，所以只有沿革。

近几百年来的昆曲和京剧亦不脱昆京的规格、典范，故只能以“腔”求突破，其他唱、做、念、打已成规范。

建筑方面的斗栱，由汉至清，其变化需时一千五百年！

(2) 中古特色

根据冯友兰的《中国哲学史》，“自董仲舒至康有为为经学时代。在经学时代中，诸哲学家无论有无新见，皆须依傍古代即子学时代之哲学中之术语表出之……自董仲舒至康有为，皆中古哲学，而近古哲学则尚甫在萌芽也”。但冯氏前已说过中国无近古哲学史，为什么又说“甫在萌芽”呢?虽然他的解释是以西洋哲学史为定期，仍不能遮盖他对中国文化进展的左右为难。其实中国无近古史的理由如以科学史看便比较容易解释。所谓现代科学之父一说是由意大利天文学家伽利略(1564~1642年)始，继之以英国物理学家牛顿(1643~1727年)继承为现代科学之旅(参看“From Galileo To The Nuclear Age”, by Harvey Brace Lemon, Phoenix Science Series, The University of Chicago Press, 1961)。李蒙 (Lemon) 说：“伽利略已不再问为什么事情这样发生，而是问这事情是如何发生(His method was to ask, not why things happen as they do, but rather what it is that happen.)。哲学家罗素亦以意大利文艺复兴为现代科学之始，首推伽利略和达文西(“History of Western Philosophy”, by Bertrend Russell, George Allen and Unwin Ltd. Fifth Impression 1955.)，罗素说“理论科学是尝试了解世界，实用科学是尝试改变世界。”

可能冯氏不想说或不愿说：他认为中国没有近古史是因为在这个时期(15~18世纪)仍然是包含在中古时期。但他指出“在西洋哲学史中，中古哲学与近古哲学，除其产生所在之时代不同外，其精神面目，实有卓绝显著的差异也。”精神面目可能就是新科学。

我认为以哲学史之分期去了解建筑理论之发展颇为合适。稍后我会谈谈为“失去的近古史”发发牢骚。暂时言归董仲舒。

“自董仲舒至康有为”这段中古时期最特出的建筑理论便是阴阳学说之兴起和运用，而阴阳学说和运用一直影响建筑理论直至五四运动。

冯氏说“在经学时代中，哲学家无论有无新见，皆须依傍古代即子学时代之哲学家之名，大部分依傍经学之名，以发布其所见。其所见亦多以古代即子学时代之哲学中之术语表出之”。就算有新意，亦不以新术语表出之，所以用旧瓶装新酒，亦可容纳。但西洋近古哲学思想全变，“新酒甚多又甚新，故旧瓶不能容受……”

以下是参考《中国著名哲学家》(齐鲁书社，1980)、《中华文化辞典》、《中华文明传真》、《中国哲学史》(三联书店)而作。

阴阳五行思想在殷商时已有了一套原始的概念，战国时已有《周易》，老庄的学说亦参有相对和自然现象对立统一的意识，董仲舒在阴阳学派中是起承先启后的作用，并且把儒家兼承为宗，有“汉代孔子”之称。孔子老时学易，董便集儒、易于一身。

董氏完成了战国时邹衍《五行说之五德相胜》(木、金、火、水)所缺之土德。土德者，君官也。他说：

“土者，五行之主也。五行之主土气也……是故圣人之行，莫贵于忠，土德之谓也。”

他用“天”和“德”巩固王者的地位：

“王者欲有所为，宜求其端于天’天道之大者在阴阳，阳为德，阴为刑……以此见天之任德不任刑也。”

他一方面教人民顺奉王者，一方面，劝统治者任德不任刑。如果君主做错事：

“国家将有失道之败，而天先出灾害以谴告之：不知自省，又出怪异以警谴之；尚不知变，而伤败乃至，以此观天心之仁爱人君，而欲止其乱也。”

这整套阴阳体系与殷商之王权、神权如出一辙，但他却加上天责，这是“新酒”，但他仍用旧瓶包装，不敢用新术语表之。

董氏在五行的理论对建筑理论有很深远的影响。

董仲舒试图以阴阳五行为框架，构造出一个理想世界模式，编定自然界与人类社会的秩序及其变化规律。按照他的设计，整个世界是一个有机的体系，天与地是这个体系中的基本轮廓，五行是其间架，阴阳之气则是运行于这间架中的两种势力。他认为阴阳为相反之气，故不能同出，阳出则阴入，阳入则阴出。四时的运作便与阴阳势力之大小及五行有关。他说：“如金木水火土，各奉其所主。以从阴阳相与一力而并功。其实非独阴阳也，然而阴阳因之而起，助其所主。”(《天辨在人》)阴阳之气运行到一方位，便与该方位的某一行相与一力而并功，形成某一季节。”(《中国文化辞典》)

作为“汉代孔子”，他的理论言行当然要服务于汉帝和稳固封建制度。它的五行相生相胜的理论，除了鼓吹君臣、父子等三纲五常的封建道德制度外，可能意外地丰富了方位的意识。他说：

“天有五行：一曰木，二曰火，三曰土，四曰金，五曰水。木，五行之始也；水，五行之终也：土，五行之中也。此天次之序也。木生火，火生土，土生金，金生水，水生木；此其父子也。木居左，金居右，火居前，水居后，土居中央：此其父子之序，相受而布。是故木居东方而生春气；火居南方而主夏气，金居西方而主秋气；水居北方而主冬气。是故木主生而金主杀：火主暑而水主寒……土居中央，谓之天润。土者，天之股肱也……”(《中国古代著名哲学家评传》)

风水术在中国中古时代确是具中国特色的建筑理论。至东汉、三国，由于“许多文化人参与了风水术说之事，对风水理论的成熟起了很大作用。综上，认为风水术成熟于汉代大概不会有太大的谬误。风水术也可称风水学了”(参看《风水与建筑》，程建军、孔尚朴著，江西科学技术出版社，1992)。

(3) 失去的近古史

在上古和中古时期(根据冯友兰的定义是子、经时期)中国建筑理论特色是由王权、神权透过哲学家、学者的《周易》、《周礼》、阴阳五行制造、创造出两大类建筑理论：

一类是严格的制度化，《周礼》六官职；

天官冢宰第一

地官司徒第二

春官宗伯第三

夏官司马第四

秋官司寇第五

冬官考工记第六

六职中最后的冬官掌管什么呢?根据《周礼》,(汉)郑康成注,(唐)陆德明音义的简介（第一页）：

“百工司空事官之属。于天地四时之职。亦处其一也。司空掌营城郭。建都邑。立社稷宗庙。造宫室车服器械。监百工者。唐虞已上曰共工。”

由城郭至器械皆有严格的制度，物料、尺寸、大小规限、历代虽有改变，但仍有法制，如(宋)李明仲《营造法式》，以至明式、清式的《中国建筑彩画图案》等，都是有严格的规范、法式、法则。

从好处着想，中国几千年前已有工料章则(specification)和标准化(standardization)！这是官方(统治者)规范出来的中国特色的建筑理论和实践。

另一类是与首类刚好相反，它是由《周易》演变出来的多样化，变数大，既近乎大自然规律、亦带有浓厚神鬼信念，甚至迷信，由相地占卜、阴阳五行至风水，庶民奉信的建造文化。间有王权，夹有神权，杂有术士的玄学，影响大至选址、方位，小至安放床位、灶君的坐位向：上至喜事、生宅，下至丧事、葬事、墓穴，皆有四季、时辰规定！幸好我们还可以看见多姿多彩的民居和乡镇。

这是民间酝酿孕育出来的中国特色建筑理论和实践。

(4) 失去的近古史特色

其实说“错过”比“失去”更合切！

我们说“古代特色”可以，说“建筑理论”有些勉强，因为古籍多是制度、法则，类似现代的建筑条例、工料章程，绝少理论成分。明《天工开物》(宋应青着，钟广言注释，中华书局，1978)，在18卷中，只有第9卷“舟车”与建筑设计有关。《周易》在舟车(第九卷)开端便有：

“宋子曰：人群分而异产，来往贸迁，以成宇宙。若各居而老死，何籍有群类哉？人有贵而必出，行畏周行；物有戢而必须，坐穷负贩。四海之内，南资舟而北资车。梯航万国，能使帝京元气充然。何其始造舟车者，不食尸祝之报也？浮海长年，视万顷波如平地，此与列子所谓御冷风者无异。传所奚仲之流，倘所谓神人卸非耶！”

早在宋代已有物流的理论，贸易的理论！早已悲鸣感叹“创下出车船的人，却得不到后人的崇敬！”

到明代“南资舟”真的“浮海长年，视万顷波如平地”了！

《中国科学技术史》作编者李约瑟(Science and Civilization in China Vo1．1 Cambridge University press 1954)也说：

“在不同的历史时期，即在古代和中古代，中国人对于科学、科学思想和技术的发展，究竟作出了什么贡献？虽然自从耶稣会传教士在17世纪初叶来到北京以后，中国的科学就已经逐步融化在现代科学的大熔炉之中，但是，人们仍然可以问：中国人在这以后的各个时期里有些什么贡献?中国的科学为什么长期大致停留在经验阶段,并且只有原始型的或中古型的理念？如果事情确实是这样，那末，中国人又怎能够在许多重要方面有一些科学技术发明，定在那些创造出著名的“希腊奇迹”的传奇式人物的前面,与拥有古代西方世界全部文化财富的阿拉伯人并驾齐驱，并在公元3世纪到13世纪之间保持一个西方所望尘莫及的科学知识水平?中国在理论和几何学方法体系方面所存在的弱点,又为什么并没有妨碍各种科学发现和技术发明的涌现?中国的这些发明和发现往往远远超过同时代的欧洲，特别是在15世纪之前更是如此(关于这一点可以毫不费力地加以证明)。欧洲在16世纪以后就诞生出现代科学……”

(英译录自《中国科学技术史》第一卷，总论，序言，中华书局香港分局，1973)

李氏似乎与罗素(History of Western Philosophy，George Allen and Unwin 1953，Chapter VI)不约而同地把15世纪定为欧洲现代科学之始。而我国的15世纪正是明代中叶，明惠帝建文(1402年即位)至明宪宗成化(1477年即位，在位23年)。期间永乐三年便是郑和受命出使西洋的壮举。根据《中华文明传真》:

“明代初年,在西方航海时代来临之前,明朝政府主动派遣当时全球规模最大的船队出使西洋。这支船队以人格和才学非凡的郑和作为指挥官，经过永乐三年(1405年)至宣德八年(1433年)的七次出使，不仅取得了巨大的外交成效，而且在世界航海史上留下划时代的印记。”

“郑和的‘宝船’(大概是旗舰)，船长138米，宽56米，船上有九桅十二帆，排水量15000吨左右，载重超7000吨。这只巨大的船，没有二三百人不能举动……欧洲国家造出如此规模的木帆船是18世纪末的事，比中国晚了三百年。”

“中国古代造船业曾出现三次高峰期，第一个在秦汉，第二个在宋元，明朝则是第三个高峰，当时的技术和产量均处于世界的领先地位，明朝造船厂分布地区广、规模大、配套设施齐全，更是前两个高峰所未及。中国科技史专家李约瑟认为，公元1100～1450年中国的海上船队是世界上最伟大的，但是明朝多次实施海禁，造船业的发展受到限制，明中期以后已停滞不前。”

明朝(1368～1644年)，尤其是郑和船队七次出使时期，是中国科技发展的最高峰期，因为远洋航业所需要的其他前所未有的知识如管理、筹划、财政的配套，在设计、物料、结构上必有一定的创新。新科技包括航海技术、军备、贮水贮粮、医疗、海军军备和战术。

整个现象就是现代科技的开端，就是李蒙（H．B．Lemon）说的“不再问为什么事情这样发生，而是问这事情是如何发生”的年代；就是罗素说的“理论科学是尝试了解世界，实用科学是尝试改变世界”的时期。明中叶不但是正开始影响世界，它正是开始改变世界！

不知是奸臣还是愚君，或是两者合一(望有学者详细指点)，在这正在展开辉煌的海洋远征，南至爪哇，西至波斯湾、红海及东非；可能第八九次便西绕南非直达地中海、欧洲等国，东征美洲；正在国内的科学家热烈地继续研究更快更大的船队、更利害的大炮，由此可能研究成蒸汽机之时；可愚臣、昏君不知何故(惹忌、恐惧郑和当权?)实施海禁，造船业、远航业一蹶不振，由此国势渐衰，由此我们失去了现代科学之父，失去了近古时代，也便失去了近古史，也失去了将会带来的“工业革命”；更由此带来了三四百年后西方兴起的船坚炮利轰开我们闭关自守的大门，导致八国联军入侵的灾难，导致一百五十年的半殖民地的苦难岁月；导致这五六百年来的科技不列世界前茅，甚至真空的状态；更导致整个半世纪的政治、经济衰退，对传统文化失去信心。因而导致建筑和建筑理论也渐渐衰落！

明朝的兴盛高峰由郑和七次出使代表，明朝的衰落(甚至中国的衰落)是由实施海禁为始。如果“远航出使”事业不受到压制，由朝廷继续鼓励持续发展，不但中国近古史要改写，工业革命和现代史也需改写！

6. 中国特色的建筑理论的兴衰

由粗略地历史回顾上古、中古和失去的近古，可以说建筑是实用的东西，它的理论是由其他抽象或非实用的东西产生的，如趋吉避凶(周)，为了拥护王权而完善了的一套君臣父子、三纲五常、阴阳五行(汉)，副产品是一套实用的城规建筑制度、法制、规范。最有中国特色就是由西周到清代皆有形制和标准的规范，历代沿用而作一些细微的演变，没有突变。因此没有需要创新，亦没有人(如果想保存他们的脑袋)敢胆去创新，所以几千年来也没有创新的概念、念头，更无须说学说，所以无建筑理论产生，这可能是中国的最大特色?

阴阳五行流传至民间，比较更灵活、多式多样的民居便是见证。但流传到一定的程度，亦自然变成标准化，如我的老家广东新会便有“两眼灶”、“三眼灶”的民居，“四眼灶”的大宅已是富人了。

反过来看，不实用的文化，如书法、绘画，理论可多了!历代只有重文轻武或重武轻文，“匠”从不算在内!

到明代，文人受达官、巨贾重用，影响了江南的园林。

“中国特色”的建筑理论的反面特色就是没有“个人特色”，书法家和画家如无个人特色就榜上无名!

冬官考工记第六的匠人绝无个人空间。到欧洲文艺复兴时期，中国走在世界前茅的科技开始停滞不前，封闭自保；欧洲工业革命时期，清代更闭关自守，到鸦片输入时，已是衰落的末期了。

从历史的观点看，中国到明中叶，根本上无建筑理论的需求。欧洲工业是生产线的革命，意味着以产品输到全球各地，国弱而不接受这些产品输入的国家，强国便由军事侵略，达到他们的经济侵略目的。

中国历史上能够称得上是有中国特色的建筑理论的只有明代计成著的《园冶》一书。单看卷一，“兴造论”以“论”为小题已是空前；而书名又不是什么法式、法则，这本奇书的开卷语出惊人：

世之兴造，专主鸠匠，独不闻三分匠、七分主人之谚乎？非主人也，能主人之人也。

陈植释文如下：

世上一般建筑，单纯地依靠工匠，难道没有听说过“三分匠人，七分主人”的谚语吗？这里说的主人不是指园林所有者的“主人”，而是主持计划的(按“如今之建筑师，造园师)。

参看《园冶注释》（中国建筑工业出版社，1981）。《园冶》虽然大部分是有关制作和用料的指引(Standards & specifications)，并以比例图标，但在此之前，必有理论。谨录陈从周为该书校订后跋：“计成的《园冶》中，总结了“因借”、“体宜”之说，列举了“掇山”、“选石”之旨，发前人所未发，实是千古不朽的学说。”陈氏跟着指出计氏兴造论“有说而无图(画也)，计成兼擅丹青，并非不能画，而其基本精神，实在造园有法而无定式，如果以式求之，遂落窠臼了。”

“有法而无定式”至今天，仍是建筑学的基本理论；究其因可能是园林乃民间建筑，无须循任何法则。

我对计氏的欣赏，在其有“专业自尊”，在封建社会里能把一向认为是匠人的建筑师、造园师还我自尊，“非主人也，能主人之人也”！还有，他的艺人气质，很值得我们敬仰。

“计氏非出自名门望族，书香世家。又记：以艺术传食朱门……遭人白眼，导致该书长期湮没，历史不彰者……计氏生当封建社会，挟其卓越的造园艺术，奔走四方，自食其力，终其身，竟致贫无买山之力，充分反映了旧社会艺术家可悲的境遇。晚年仍不甘自私其能，而亟欲公诸于世，其胸襟磊落，尤属难能可贵。”（录自陈植《园冶注释》）

我认为中国文人园林空间设计理论最大的特性可以用四字概括，可说是游园四部曲：隔、寻、引、渡。

“隔”是代表阻、挡、遮、蔽、隐、藏，也代表半阻挡、半遮蔽、半隐藏的设计手法。这是设计者主动故意以实物隐藏或半隐藏他要展示的东西，实物包括墙、墙中洞，如拱门、漏窗。透过拱门有庭，再有墙、墙中洞，或是假山、砌石、矮林，后又有庭，便有庭院深深，深几许的空间。设计者的目的是制造神秘感，增加游园者的情趣、玩意和诗意。

“寻”是主人自已或访客因受阻而寻找去路。这个程序是制造使用者的参与，去路所以有宽、窄、高、低的空间：有“柳暗花明又一村”的寻寻觅觅的期待心态。一隔一寻就是游园者参与设计者安排下的情趣。有隔有寻就是李白的《春夜宴桃李园序》中的“古人秉烛夜游”的意义。人生苦短，要寻找生命中追求的东西，就算是黑夜也可以秉烛寻之！

“引”便是园林四部曲的第三部，手法是引导、吸引、指示、暗示。这个层次是考验设计者的迂回手法能力，故有“通幽”或“入胜”的文字暗示；有曲径、回廊的布局，陶渊明可能不自觉地以文字设计《桃花源记》，使读者追阅他的引导，欲罢不能，继续前往。引的另一种手法是以声音诱之，包括松涛、风铃、流水、秋声等人造与天然的声音，使人随声而往。

“渡”可以说是游园的最高境界，由一个空间走到另一个空间，便是渡；可能是通过桥，可能是通过穿过拱门，也可能是用视觉超越。“渡”亦有佛家达“彼岸”之含义，视乎游者以“身游”或是“神游”的心情去达到某种意境。渡是要体会和体悟，已是超乎欣赏的层次，要看设计者的设计深度和游园者的领悟，即是造化。渡后再遇上隔，即寻，有寻有引，然后再渡，功德无量矣！

如果对中国古典园林、古建筑单从传统方式去欣赏和研究，如历史沿革、造园方法、园艺花卉、砌石技巧、园林对联词赋等，对建筑师来说，是只能增加欣赏情趣和学问，充其量是能使他们成为学者。但如果把中国园林、建筑、城市设计从空间特色去分析，把空间特色变成设计理论(隔、寻、引、渡)，这对欣赏者和设计者都有好处。设计者更可以尝试运用这种理论去设计新的建筑和城市，这样便可以接驳传统，使传统建筑文化萌芽以至重生。

中国园林理论自古以来直接和间接受到哲学家、诗人、墨客的影响是不可否认的，亦是很微妙的。虽然大部分的哲理、诗情、画意是代表言者、绘者，对大自然和人与大自然相处的寄望、理想、意境、心境、情境、赞叹、欣赏，可是这等诗、画都是对山水风景或是已建成的建筑、园林的赞美或寄意。但言者无意，听者有心，都会有意无意之间追求和模仿他们所仰慕的意境。虽然“智者乐水，仁者乐山”，“家住桃花源上村，编松为屋鹿为群”，“水抱孤山远，山通一径斜”等句对设计者并无什么理论性的帮助：但“横看成峰侧成岭，远近高低各不同”，可直接启发建筑师或造园者，成为人造环境理论、景观理论；而“望之疑在野，幽处欲生云”更是抽象的“规格”(Specification)，非高手不能为也！至于孔子的“饭疏食，饮水，曲肱而枕之，乐亦在其中矣”是直接影响文人园林之清雅幽淡的营造戒律，与宫庭的雕楼玉砌截然不同。老子的“当其无有，器之用。凿户牖以为室，当其无，室之用。”又比孔子高一筹，因为这是建筑虚实的理论。这些影响不是系统性的建筑理论，而是历代的潜移默化。

郑和最后一次出使是在1433年，李约瑟认为1100~1450年中国海上船队是世界上最伟大的(《中国科学史》)，而计氏《园冶》书成于1631年，亦可以说中国在12至17世纪在科技与艺术上已得到相当平衡和500年的持续发展，亦可能是中国的一个文化高峰。

7. 可持续发展的问题

既然中国的历代盛衰与建筑理论没有多大关系，建筑师在这个时代大部分还在满足房地产商的需求。房地产商又千方百计地仿欧仿古，迎合顾客的口味；建筑师脑袋里没有什么建筑理论，有之，亦是欧、美、日借来的理论，因为中国历代根本没有中国特色的建筑理论；更不解为什么还花时间往篮子里寻找，写什么理论！

正因为这十多年来，政治上轨道，经济发达，可能是有史以来的大量大兴土木，中国真正的从此非跟着西方的路线走不成？

近读林洙著的《叩开鲁班的大门——中国营造学社史略》(中国建筑工业出版社，1995年)，以自勉。朱启钤把他个人出资办的“营造学社”，改名为“中国营造学社”，1930年正式成立。1928年梁思成回国，1930年加入学社。刘敦桢留学日本后于1922年归国。“在日本学习期间，他注意到日本政府和民间都很注意保护古迹，联想更为丰富的中国古代建筑艺术，当时只有日本和德、法诸国的少数学者作过一些考察与研究，而国内学术界反而寂寞无闻。这种反常现象使刘敦桢深感惭愧与痛苦，但也促使他树立了日后致力研究中国建筑的决心。”刘敦桢1931年加入学社。“事实证明，朱启钤、梁思成、刘敦桢三人的结合，加上人才济济的研究班子，是学社之所以能在短期内取得如此丰硕成果的原因。”由于种种原因，邀请了美籍学者三人，德籍学者二人，日籍学者三人，后者三人皆是建筑师，曾参加《营造词汇》的编纂工作，还负责为日本收集我国珍贵古籍的任务。陶湘“涉园”藏书中的丛书部分，共574种27900册即被东方文化总委员会属下的京都日本东方文化学院囊括而去。由于20世纪30年代日本军国主义政府对中国采取扩张主义，首先侵略东三省。这种扩张主义野心与民族沙文主义思想，也影响到日本学术界。如伊东于1930年在学社所做的报告“支那建筑之研究”中曾说“完成此如此大业，其为支那国民之责任义务，固不待言……而吾日本人亦觉参加之义务。盖有如下所述：

> 日本建筑之发展得于支那建筑者甚多也……据鄙人所见：在支那方面，以调查文献为主，日本方面，以研究遗物为主，不知适当否？

可见他对中国学术界、建筑界之蔑视到了何等地步。到了1936年，在日本大规模入侵中国的前夕，日本对中国的侵略野心已扩张到了极点。伊东在他的新著作《中国建筑史》中宣称”研究广大之中国，不论艺术、不论历史，以日本人当之皆较适当。”所以当“九一八”事变发生后，梁思成、刘敦桢二人坚决反对与日本侵略者有任何形式的来往，于是断绝了与日本各学术团的联系。三个日籍社员也就先后离开了学社。这是学社同仁坚持民族自尊，反击侵略者的正义行为。

现在国内一般建筑业危机是由于一百多年来自己没有新建筑模式，便向欧美借、租、买。由领导、房地产商以至老百姓都一窝蜂地媚外，因为他们没有文化信心，没有使命感，这是可以理解的。但是我们的建筑师心态又如何呢?

刘敦桢、梁思成、陈植、童寯等第一代前辈，很多国学根底深厚、加上留学归来，有机会设计的不多，有部分还花了“专职青春”去研究老祖宗的本来面目，鉴朝辨代，俱往矣!第二代“命运多舛”，受文革灾难，“空间太小，时间太少”，“迟到的春天”中，也有“突出贡献”。第三代“参考书少、出国少、外语水平不高、功底扎实”、经历“十年空白”。20世纪80～90年代是第四代的“黄金时代”，成就可“超越前人，纷纷出书”，可是“力不从心”,但有“历史责任”感。(详情参看《中国四代建筑师》,杨永生著，中国建筑工业出版社，2002)

中国的第四代建筑师应该说是得天独厚，在学习和就业、机会与环境方面胜于前人。但正因为社会、经济转型，民族气质不够，急求名利的多。学术方面，套用陈从周的话：中国文化不够深入，洋人文化也不到家。但见留学归国少部分“洋博士”，打出洋大学品牌，招摇过市，一时引得远市近镇蜂拥追寻，而洋博士亦投其所好，大展洋风，生意滔滔。这就是目前中国“现代建筑”的悲剧!中国文化不够深入，当然没有文化使命感，试看这一群洋博士有那位发表过有中国特色的建筑理论？！近年有些“甲方”更远洋聘请真正的白种洋建筑师来华设计！无怪郑光复悲腔控诉“……而中国建筑界及社会偏偏崇洋之肤，奉谬为神，拱手让送自己的市场，还得忍辱负损，承受中国人对中国建筑师的‘种族歧视’。究竟要五体投地匍匐多久?有完没完?能够‘族格’平等吗?能在科技学术面前中洋平等吗?我们缺钙到这步境地了吗?”(参看《南方建筑》2003年1、2期,〈古今中西建筑比较概说——建筑的三次革命〉(上)(下))。

“时穷节乃见”,改革开放至今已二十多年,崇洋时代可以说是应该完结了,可是“缺钙”仍是大有其人,这个“过渡时期”竟然整整一代也看不见尾巴!有节的建筑师不是没有,但属极少数,悲乎!可能正在东奔西跑的洋博士,忙于应酬频接项目,充实自己的银行户口的同时,笑有节之士不识时务矣!最大危机还是隐藏在大学里的洋博士,他们自己对中国文化没有根基,没有兴趣自学,将来教出来的学生,我们还能够希望什么呢!

寄望第三代和大部分第四代的建筑师,能够负起历史责任,共同努力,发挥作用,那怕是推论、假设,思考一些有关中国特色的理论和如何能代代相传地延续下去。

8. 小结

五四运动主要是爱国运动,也促成了新文学、新文化、新思想。但没有新建筑,建筑是需要庞大经济支柱的。如今太平盛世,建筑业茂盛,新中国建筑哪里去了!?但见全国吹什么欧陆风、地中海风、威尼斯风,缩形巴黎凯旋门屹立于北京某某新盖的巨型房地产中!百思不解!最少,以我而言,是写这篇拙文的缘故。同时,觉得“中国特色的建筑理论”一题,非常合时,起码,使我们建筑界反省一下。

现在我们没有1919年中华民族、文化、思想存亡的危机感,也没有20世纪30年代日本侵略祖国的亡国威胁感,崇洋、崇欧不知为何吹遍这块黄土地!爱国是一个概念,如信神也是一个概念,但相信神的艺术家,他们创造了很多感人的作品,他们的艺术灵感源泉就是从信仰而来!如果五四运动中没有中国特色的建筑理论,我们只能追溯到近古时代;而近古时代没有现代科学,没有工业革命,也没有现代建筑理论的种子!

我们只能再往上追溯到中古时代。如果硬要持续发展，那么只有制度化、规条化的理论。惟一可以持续的只有风水，把风水术以科学研究，使之成为现代风水学。同时，我们要来一个“建筑五四运动”，重新接驳中国营造学社的前辈，寻找接驳郑和时代的科技精神。如果没有古代的建筑理论，我们可以持续明中叶这种远涉外洋的勇气，这不是正好创造新理论的时刻吗?!我们可以持续发展的就是这种精神，且看洋人、日本已出版了很多的风水书，知其一不知其二的Feng Shui，已驰行建筑行内多年!中国文人园林的空间设计“四部曲”——“隔、寻、引、渡”不正等待着我们去持续发展吗?!如果我们找不到什么去持续发展，真空中更容易创出一些没有包袱的新理论、新概念，适合我们国情，适合中国人社会和生活的理论。爱国和爱自己中华文化就等于爱独立：加入个人的空间的独立思考是适合这个世纪时代的理论。

如果世界各国互不侵犯，各国我行我素、各自为主、互相尊敬、平等相处，那便没有战争，把战备的庞大财富用之于民，该是一个多么和平安逸的世界!或，如果各国除去国界，像康有为的《大同书》所幻想的乌托邦，“去类界爱众生，去苦界至极乐”以达世界大同。可惜全世界的未来妈妈尚未能胎注大慈大悲针，至所有婴儿出生便有般若(智能)，呱呱坠地便即达波罗密(彼岸)，全球人类脱胎换骨，世界大同!

现实是自有人类以来便如地球上其他生物一样，物竞天择，弱肉强食，适者生存，不停地强者欺负弱者，弱者反抗强者。人类的历史便是一部不断的人与人之间的战争的历史。

工业革命前，可以说战争和斗争很局限于地方性，最大影响要算是罗马帝国的版图，占地包括地中海沿海区域。工业革命带来了现代“文明”，可以远洋征服不够文明的国家，其目的不外是经济侵略，使自己国家富强，不顺从的便以武力解决。能够征服越多资源丰富的国家，自己的国家便越富强。

征服他国的理由是利用“民主”、“人权”、“自由”等口号，这是用诸于富于传统性、宗教性、文化性强而且较专制性的国家最有利的口号；这样便可以里夹外应地举起“解放”旗帜，名正言顺地大肆屠杀和征服这等国家。至于比较民主、比较富强的国家，可以用物质享受、现代生活、潮流时尚等吸引比较有耐性、长久性的诱惑。“物质享受、现代生活、潮流时尚”等诱惑包括饮料(可乐)、食品(麦当劳)、时装(手表、手饰)、汽车、流行乐曲、流行舞蹈、最畅销读物、电影、CD、VCD、DVD等。其中消费最高的要算是建筑物了！西方的现代建筑理论，有意无意地由“现代派”蜕变至今已是潮流化、时尚化、日新月异、千变万化！西方现代建筑理论带出高档消费，要发展中国家羡慕的不如“高科技”建筑物。要领导建筑业经营(包括设计、建材、建筑配件、建筑设备、结构、建造方法等)的国家必需有日新月异的建筑理论配合，才能达到把建筑业加入出口业的行列！使自己国家的建筑师成为品牌建筑师！你买了这件建筑物，它又有“新货”出笼，一如时装一样。所以西方建筑流派特别多，一方面是希望可以出口：另一方面可以制造自己的品牌建筑师，防止进口。

时装不但需要新颖的设计(每年变一次，四季即四次)，而且要有新的布料、拉链、钮扣、金属、皮革，还需配以鞋、帽、手袋、手饰、头饰、胭脂、香水等。每季有各种装束配衬各种活动，如上班、旅行、运动、晚装、礼服、婚纱：新科技物料、制法、传媒宣传、模特儿、突出设计者等等配套。新建筑物也是同一原理；时尚的设计不但有高科技新物料、新结构方法、新建筑装备等，务使发展中国家不能抄袭出产；加上“现代化的设计，赶上现代生活”等口号和理论，配合电影、电视、书籍、月刊、周刊、报纸等宣传；最终目的便是使因追上时代而向他国出品消费。如果我的理论是对的话，我们国家便应致力鼓励一些建筑师成为品牌建筑师。同时，我们建筑师自己，应致力于建筑理论；有没有中国特色是其次，最主要是制造自己的品牌效应，煞住或减少外来品牌。日本建筑师相田武文以“积木之家”也砌了一个建筑理论出来，成为20世纪80年代日本品牌建筑师！日本20世纪60年代已有“新陈代谢派”

(Metabolism)，至现今有“共生派”(Symbiosis)，都有建筑理论作后盾。不但把理论付诸实行，而且推销到东南亚，甚至欧洲。

试想，有自己的品牌建筑师，不但有自尊，还有经济效益！在脱稿前，让我转载一段2002年6月15日大公报“专题”，载北京国际城市发展研究院院长连玉明教授接受该报记者访问时的说话：

“中国加入WTO将加速城市的全面转型，中国城市将从“建设城市”向“管理城市”和“经营城市”进行战略性转型，个人转型、企业转型、政府转型也将向更深更宽的领域扩展……当前有四大障碍影响和约制中国城市的转型：一是城市缺定位和个性……二是机会不平等……三是企业家市场发育不充分……四是政府管制……”

中国建筑师为什么不可以像连氏来一些理论，把中国“入世”后作为挑战和机遇？究竟中国城市是否这样那样的转型，以后才知，暂时最重要的是一些有建设性的、有个性的理论。至于是否有中国特色已是次要，主要是自我创造，适合我们中国的现代生活方式，自己的潮流、时尚结合新科技和艺术，起码减少进口，希望增加出口，中国特色自然会重现。

且看现代中医学、中医药、中国菜、中国锅、中国电影、中国音乐、中国功夫、中国时装等文化，都需要经过现代化、适合年青人和企业化，由试验到实践，加入理论，由浓厚的中国特色(包括地方色彩、民族风格、传统形式)推出，先是本国人民接受、欣赏，外国自然会欣赏，自然会由民族化变为国际化，同时，可收经济效益。以上几种新兴的中国文化便是铁证。

最后，我想把一些建筑理论题目抛出来，如果有兴趣的可以加以发挥。这些题目不一定牵涉到中国特色，最重要的是论题的意义，理论中可能带出什么？可能启发什么？可能引发对现代中国建筑的方向有什么指示？这一切都很值得我们去努力思考，值得我们去寻找一些答案或启发其他论题。

(1) 继续讨论20世纪80年代的“形似”和“神似”的问题。

(2) 继续发展“四合院”概念，由中层(6～12层)和高层(12层以上)

的住宅，解决阳光和通风而又有私人和集体的室外活动空间；用同一原理，发展学校和办公楼的可能性。

(3) 研究和出版风水论、风水术中的科学性和规律性的理论。

(4) 发展和出版人造环境心理学、社会学；尤其是高层、高密度的建筑群对居者、使用者的生理、心理、群体，以至社会上的影响及其解决方法等理论。

(5) 研究和出版空间中心论：人类群居、群处有族长、首领：生物有中心，地球有中心，宇宙有多中心：村、县、市、省、国皆有中心；现代建筑、小区、城乡现代中心应该如何处理的问题。

(6) 研讨和发表传统与现代的问题：

- 西方现代建筑、城、乡与西方传统的关系。
- 西方传统与中国传统在建筑中的异同。

(7) 研讨和发表中国古典园林在现代建筑、城市设计有何启示?

(8) 研讨和发表大都会的优点和劣点；现代都市发展对大自然和人的利弊；寻找都市(尤其是大都会)的代替，即 alternatives to urbanism。

(9) 研讨和发表中国应否有自己一套完整的建筑哲学和建筑学教育系统?

(10) 研讨和发表传统建筑、传统文化有什么重要性?如何可使传统文化持续发展?

(11) 研讨和发表西方文化和西方现代建筑的利弊。

改革开放初期也有很多政治和经济的理论，最后“不论黑猫或是白猫，只要能捉到老鼠的便是好猫”，便可建设一个有中国特色的社会主义。其实目前的中国是资社齐驱，这就是现代中国的特色。建筑业虽然很被动，往往走在最后，但是建筑理论可以是主动的，不受任何条件限制，而且理论更可以走在实践之前。祝愿我们在这方面共同努力。

(2003 年 5 月脱稿)

九、人类在地球上可持续发展问题

人类的进化史大概有10~15万年(参看Humans Before Humanity，可译为《有人性前的人类》，作者Robert Foley，出版者Blackwell，1995)。在过去短短的250年里，因人类对地球的破坏，可以说是体无完肤，恶疾缠身，病毒又回传给人类和其他生物，可说是自食其果，祸及他人；人对人，国对国的仇恨、杀戮，侵略有增无减，大杀伤力武器日新月异，尽屠杀生灵、破坏大自然的能事。这样地发展下去，把人类和地球推向灭亡，朝着自毁的道路前进，还能够支持多久！人性往哪里去了！

在这21世纪之初，正是反思之时。对未来的悲观之余，只能抱乐观态度和希望：希望在回顾和展望中，寻找持续人类和地球相处的延续。

1. 资本主义模式

本文第4个问题述及托夫勒指出的西方社会的物质浪费、滥用原能，他的《未来的冲击》一书1970年出版，至今1/4世纪后，这种崇拜物质主义有增无减。但是，它带来了什么？那又看另一部书了。

The Hungry Spirit 可以译为《饥饿的精神》，但我认为作者有19世纪的含义，所以《饥渴的灵魂》比较合适。书的作者是Charles Handy (Hutchinson，1997年出版)，作者详细分析了现行的资本主义模式已经证实有很多后遗症和副作用，市场竞争害多于利。美国贫富悬殊比欧洲大，但失业前景比欧洲高。他有以下的数字：

- 42%工人放工后感觉筋疲力尽；
- 69%渴望比较轻松一点的生活；
- 双亲亲子女时间比30年前少40%；
- 个人消费指数20年来上升45%；
- 只有21%的年轻人相信有机会有成就，20年前则有41%。

作者认为与共产主义比较，资本主义缺乏哲理，如解放穷困，居者有其屋等；而资本主义只是为了少数人的富有。资本主义还有一个问题，那就是它比政府强，如果要资本主义受政府控制，那便需要很多的个人结集起来，使市场经济服务人民。

这种学说越来越近或似有“中国特色的社会主义”！

作者认为资本主义和市场经济有些好处，但不能尽供社会所需。人类不只要活，而且要活得有意义，所以需要哲学；如当他离开地球时，令地球比他来时好一些。所以这种哲学一定要由人本身开始，人类要对人类好，要对地球好，这是人类自己的命运。

其次，他批评西方的教育制度，主张一套令学生长大要有“个人责任”，对社会营造有责任，而不是社会对他们有责任。

总的来说，无论从什么角度去看，他认为生活在西方资本主义制度下只能向物质方面追求，当然永远感觉不满足，而且精神空虚，心灵没有寄托。我的节译和意译当然有误有遗，但我选这部书的意义是由一位西方企业家、经济家去评论主宰地球经济命脉的西方国家推行资本主义现况如何，和他怎样评价这些国家人民生活素质。

其实，西方现行的资本主义模式，不但对人类不能提供理想的答案，也使人类与地球不能持续发展，所以《饥渴的灵魂》作者祈求“当他(也代表人类)离开地球时，令地球比他来时好一些。”

他和托夫勒对这方面的看法是一样的；过份追求物质是行不通的，对自己无益，对地球有害。

2．老子模式

中国在2500年前已有“可持续发展”的观念和理论。最值得尊敬和推崇的莫如老子的学说，不但至今天仍然适合现代发展，而且影响西方。老子的《道德经》是现代文明的救星，是现代人与大自然相处共存的宝鉴，第二十五章中有：

“有物混成，先天地生。寂兮寥兮，独立而不改，用行而不殆。可以为天下母。吾不知其名，字之曰道。强为之名曰大。大曰逝，逝曰远，远曰反。故道大，天大，王亦大。域中有四大，而王居其一焉。人法地，地法天，天法道，道法自然。”

20世纪50年代，我在伦敦买了一部奇书，名曰The Parting of the Way，作者是美国籍哈佛人Holmes Welch，出版者为Methnen。这部书的封面中文书名是《道之兮歧》。这不是一部译《道德经》的书，而是解释老子学说和道家的发展。对我这个中文文盲来说，是一本对老子学说启蒙的书。最奇怪的是作者假设老子在世，美国人(作者用We“我们”)请教于他，他不响应。如果再次迫他，老子会说“无为”。这个答案对美国人来说，很不满意，亦不明白。再三追问他：“如何解脱我们的烦恼?”他才开始：美国最大的烦恼是广告(以后意译)，不但有害而且危险。它使人买入他们不需要的东西，使人增加欲念和野心，要拥有比邻居者更多，使人要赚更多的钱。出产商竞争增产，恶性地助长消费。广告助长一系列的传媒，传媒影响人们的拥有欲。没有传媒，便不会促使人们向往物质主义。

第二个烦恼是所谓“公关”。如果一个人，一个机构，一个国家做好事，何须公关解说或推波助澜?是否为了宣传，倒使坏事看成好事?

第三个烦恼就是你们的教育。你们的大学就是一场斗争，从小学开始便是竞争，整个教育过程是一场斗争，老师亦是受害者，他教导的不是智能而是生存之道，适者生存。体育竞赛使学生意识到胜者可骄，败者可耻，影响整个人生成败的意义取决于胜负。

你们如果认识“无为”，便明白到每一场斗争，必有胜负。暂胜者每一次胜，便会施压于败者。败者反抗，反弹。就算胜占一半，败占一半，全国便有一半自咎和不快乐，心理不平衡，社会得不到和平。

美国人继续问老子，你对我们的外交烦恼，如何解决?老子说，你们的外交政策糟透，将来会变得更糟。最大原因是你们的领导人要扮“雄”

的角色。像雄鹿的威武。它往那里走，一群雌的便追随它。但其他国家不是鹿！领导他国不能靠体力。

Welch用的是老子《道德经》第二十八章："知其雄，守其雌，为天下蹊。为天下蹊，常德不离，复于婴儿。知其白，守其黑，为天下式，常德不忒，复归于无极。知其荣，守其辱，为天下谷。为天下谷，常德乃足，复归于朴。朴散则为器。圣人用之，则为官长。故大制不割。"

不要忘记，此书在1957年出版，是在40年前，2006年美国今天的"守其雄"主义比以前更甚，大制其"大割"的能事。

最后，他们问老子如何解决美国的外交问题，老子说美国可以把"自己的利益"，包括经济、军备、教育、科技与其他国家分享，便不会导致如今的孤立。这便是大国扮演"雌"角的意义：令小国觉得与你平等，群国便不反对你为首了。

以上的对白，似乎反映了中国的外交政策是"知其雄，守其雌"，当然是可持续发展。如果所有地球上的大国都能如中国的不称霸，虽"大制"而"无割"，人类与地球便可以和平地持续发展了。

3. 孔子模式

我的孩提时代常常听父母说："知足常乐"，"知足者贫亦乐，不知足者富亦忧"，"一粥一饭，当思来处不易"。可能会影响孩子安份而不进取，但起码会养成节俭的习惯。

针对全球性的消费主义和浪费资源，最好不过是以孔子哲学模式来平衡。

论语〈学而篇 第一〉

子曰："君子食无求饱，居无求安……"

子贡曰："贫而谄'富而无骄，如何？"

子曰："可也，未若贫而乐，富而好礼也。"

论语〈雍也篇 第六〉

子曰：“贤哉，回也！一箪食，一瓢饮，而陋巷，人不堪其忧，回也不改其乐。贤哉，回也！”

论语〈子罕篇 第九〉

子欲居九夷。或曰：“陋，如之何？”

子曰：“君子居之，何陋之有？”

又子曰：“衣敝蕴袍，与衣狐貉者立，而不耻者，其由也与？‘不忮不求，何用不臧？’”子路终身诵之……

这几段有关孔子对衣、食、住的哲理，在个人修养故然是可行，对家庭和学校也用得着；可是对西方人，甚至对改革开放后“让一部分人先富起来的”的中国富人，是不会起什么作用的。这些先富起来的人，更如久旱逢甘露，更比一些一向富有的人更穷奢极侈，尽挥霍的能事，更无止境、不择品位地追求物质享受，甚至把住所以抄袭什么法国贵族的堡垒为荣！至于大部分穷人，因没有钱，不能不节俭，不是他们愿意，更不会乐于节俭。但仍有大部分农民，民风纯朴，节俭成风，并能安份自乐。

西方在反“后现代派”中，20世纪末期，有昙花一现“简约”建筑流派，亦显示了物极必反的设计发展。但是这是多因后现代派的装饰气味浓郁，花样趋于烦琐无聊，而引至简化。繁复、繁忙的工作和社交后，回到一个清简、单纯的空间，让视觉得以休息。但一般的简约室内设计，空间和建筑物是非常宽阔，物料相当高档，只是在宽大的空间摆放一桌一椅而已。哲理上并没有什么修行者的精神，或是学者的幽雅追求。

旅游南韩和日本，酒店却有韩式或日式的选择，就是相当于唐式、席地而坐、卧，所有床褥和杂物都放在橱柜内。我到过一些韩、日友人家中，亦是如是。这也不算是真正纯朴民风，只是一种传统的起居方式，因为到食的时候，韩、日都相当丰盛。但无可否认，这比香港人和内地的中产阶层追求什么欧陆风情、法国风格、意大利威尼斯水乡情调等和不知所谓的异国贵族风情高档得多了。

孔子推崇颜回的模式，不单是简纯，而是“回不改其乐”和他自己的“君子居其中，何陋之有？”这种主观纯朴理念。

全球人类如能节俭，那人类对地球的破坏会减至最低，是延续“可持续发展”必须、重要的一步。

4．世纪之交的启示录

如果要全球人类停止疯狂式地追求物质享受，自我返璞归真；要强国停止欺负弱国，“知其雄，守其雌，……复归于婴儿”，便必须先有能令人能达到这种理念和哲理的环境，更需要有一个大国能够先达到“无为”的境界，使大部分国家佩服它，而令最强的国家不得不放弃“大割”政策，人类与地球便可持续发展了。

严格来说，人类与地球可持续发展的启示录，早已在20世纪展示了。以我个人的天真、简单看法，有以下6点：

(1)“现代文明”不文明

可以说，世界秩序大乱的序幕是由欧洲白种人，在1750年开始往亚、非、拉、美、澳大量移民揭开；由1850年以来，西方工业革命促使全球性大乱加速、加广和加深。全球各地的本土文明受到空前的军事和经济侵略。几千年古老的民族和国家，传宗接代的文明文化受到严重干预、冲击和摧残。

是什么驱使欧洲人、西方人作全球性的侵扰他国？简单的解释便是为了物质享受和可持续发展他们的优势。

现代文明的代表是两个方面：一是科技，二是民主政治。代表现代文明的国家是美国、一些欧洲国家和日本。我们可以看到这些国家在20世纪中的表现，破坏的孽迹多于维护世界和平，毫不文明。

但无可否认，侵略和被侵略国，都向往物质享受。到20世纪末，大都会成了现代文明的象征，但亦敲响了现代文明走向衰落的警号。

西方式的物质先进，究竟给人类带来了什么?20世纪末已有西方学者自我检讨，其中一位是奥·希雅（O' Hear），他著有《进步之后——寻找古法前进》（After Progress—Finding the Old Way Forward, Bloomsbury出版， 1999）一书。

作者是英国人，他是从近一百年来的科技、文化、人权、艺术、哲学、宗教信仰、教育、心理学、政治、传媒、体育多角度去比较19世纪和20世纪的得失，结论是20世纪失去了19世纪的思想、道德、宗教和哲学的价值观。他承认物质和政治带来了某种方便，如汽车和医疗，社会稳定，但代价甚高；他举例发展中国家人民，仍在生存边缘，科学把宗教的信仰贬低了，人类只能像其他动物般，在这个无极的宇宙求存中，失去道德观念和人性的自尊；不尊重婚姻，导致家庭破碎是其一特产。

他认为人类进步不单是物质和科学，而是包括消除不平等，心理自由，自我生命满足和精神的追求。宣传“进步”只是口才雄辩者给人们的幻觉，比起19世纪，20世纪是退步！“世纪之庆，应该是悲怆！”作者是悲观的，因为他认为20世纪的负面太多，只有像苦行修士拥抱贫穷和禁欲，视为理想，因为这可以令他们接受必然的现实；而不是像耶稣背负十字架的受苦。

作者认为当人类靠自我心理满足来达到快乐，人类的生命素质便会下降。科学先进，如基因改造、急冻胚胎、种植人体部分、人体部分再循环、甚至起死回生，已使生命失去了神圣尊严。作者好像中国古老道长哀惜人类道德沦亡，要回复到19世纪的环境。他严厉地批评现代艺术，包括建筑设计，虽有些过分，但亦有独到的眼光，他说：

无可否认，在这种情形下，爬上最高位置的必然是最大声、最新、最鲜艳夺目的、最反常的和最令人震惊的。

我对“大声”的解释是传媒宣传；“反常”的意思是反叛、反传统。西方现代艺术，由绘画至建筑，以上的写照，相当真实。

最后，作者认为现代文明缺乏虚心。如果虚心，便不以我们(指西方人士)为世界中心，而是作为人类和宇宙的一部分。美学、美感、欣赏美的能力和意识是唤醒人们的重要因素，使人们欣赏地球和地球上的一切东西，了解到这些东西都富有意义和价值。

我个人认为西方式的文明极度量化，忽视素质：过于注重物质，忽视精神生活。一般老百姓没有生命价值的教育，一千多年来的基督信仰已不能维系家庭结构和社会秩序。市场经济、竞争系统使贫富严重悬殊，形成个人和社会的不平衡。历史所有穷奢极侈，荒淫享乐的文明都是自我走向灭亡之路。可惜，全球化的现代文明将会拖累不愿意走这条绝路的国家。

所以，现代文明不文明！

(2)“现代城市”不现代

据我所知，除了巴西首都，所有城市都是旧的：所谓“现代城市”是把原有的旧城市逐年加以现代化，或在原有的旧城市旁或市郊加建新的部分。

“现代城市”有一个特征，就是从工业革命时期开始变形，是从小镇、农村式的手工业转为城市工厂式的大量生产。当时农民便因就业，涌到城市，造成了都市人口大增。为了解决住房问题，便兴建临时房屋，这些临时房屋便成了后来城市的“贫民窟”。贫民窟的居住条件甚坏，阳光和通气极差，没有卫生设施。可是，这些“临时”房屋竟然用上百多年，成为城市的肿瘤。

欧洲这类城市大概由1850年开始：伦敦的砖木结构的多层码头货仓建于1820和1830年代，英国博览会在1851年将铸铁的“水晶宫”建在伦敦海德公园，随着法国1867年在巴黎博览会以钢铁建大跨度展览会馆，跟着还有1878年和1889年以钢铁和钢筋混凝土建“超跨度”的展览馆。美国早期的“高层”(5至10层)办公大楼，用钢铁架结构，建于1870年至1885年。就在这几座以新形式、新材料、新科技建成的建筑物，不但是现代建筑的先行者，同一时期，也是欧洲和美国的工商业城市的开始。

假设西方先进国家的工商业城市始自1850年，其他工商业城市始自1900年，一般工商业城市年龄约在100至150年。

交通方面：从前行驶马车的马路，仍然是“现代城市”的道路骨干。但如今却给小车、公共汽车、货车、甚至大型货柜车充塞其间，喷出大量一氧化碳。上班下班，市民花很多“工作时间”在路上，在挤塞的、缺氧的火车上、地铁上、公共汽车上。对很多在城市工作的人来说，光是上班和下班，每天要忍受两次“逃亡潮”的威胁。

交通意外更不用说，车撞车、车撞人、人撞车、撞建筑物、各个城市都有惊人的伤亡数字，而且这些数字，每年有增无减。“文明”的香港交通部编了一首歌词，教导儿童：“慢慢走，不乱跑，马路如虎口……”

人口和建筑密度方面：100年前，一二层住房的地皮，现在盖上摩天大厦。动不动是30多层，高者至60至70多层。英国在20世纪60年代初有一项小区设计比赛，住宅密度为每英亩住400人。我就读的伦敦大学城市规划学院的院长大声疾呼，“容许每英亩住400人的政府，应该打倒!”三年后，我返回香港，“彩虹村”公屋的密度为每英亩3000人!

我相信，其他各地的百岁高龄现代城市，人口密度增加起码以十倍以上计算。

环境方面：建筑密度、高度增加，直接妨碍建筑物通风、采光。建筑物日间吸收太阳热能，夜间排出来；发电站排放二氧化硫、游离粒子，飞机场的飞机升降，大厦中央系统空调、家庭冷气机、锅炉、汽车等排放大量废气，污染空气。工厂排泄含毒的化学物，家庭、酒家、街市排出人类及鱼畜污秽物、垃圾、废料：百年或以上的下水道失修、泄漏污染地下层或排放臭气、毒气；凡此种种，污染整个城市的环境。

健康方面：这里可分两大类，一是人体生理健康；一是精神心理健康。城市人一般容易染上呼吸系统疾病和肠胃病。生活紧张，容易患上失眠症。2006年3月19日香港明报转载：“北京、上海、南京、天津、杭州的成年人过去12个月中失眠达到57%。其中广州最高为68%，天津最低为44%。”2006年3月22日，明报载“香港长者(60岁或以上者)，住安老院的失眠为86%，住小区的则为66%。失眠不单是对个人健康有不良影响，而且使得工作和社会功能失效。”

神经不正常是城市人的通病，单看惊人的杀人和自杀事件已是触目惊心。

罪恶方面：城市的致命伤是，它本身是罪恶的温床。无论黄、赌、毒、私、骗等各色各样的罪恶，都是与人口越多、越集中和越繁荣成正比。

恶性竞争方面：从出生的医院、幼儿园、小学、中学到大专，香港父母都要劳心劳力把儿女挤进经济能力所能付得出，争取最好的医院、幼儿园和学校；工作生涯竞争激烈：死亡是最难过的关头，因为坟地稀少。所以，有些老人信天主天父，不一定是临终才信真理，是为了一块坟地，希望死后可埋在教会坟场。香港人已被迫放弃“入土为安”的传统观念，接受火化，但骨灰龛到2008年已告满座，导致供应断市，目前已有“买楼花”现状。避免死无葬身之地，无安放骨灰之龛，到2008年可能有新行业，就是替孝子贤孙，把先人骨灰由直升机送至珠江口散播，随风而逝，逐波而流！

贫困群体方面：全世界的城市特点之一是贫富悬殊。贫困弱势社群是繁荣的香港的一个强烈写照。时至今日，亚热带的香港每年严寒的冬天，常常仍出现“路有冻死骨”的情况；每年几次慈善机构或以私人名义派平安米(每人约十斤)也引来成千上万的贫弱老者在烈日风雨下排队久候挤迫，有些受不了煎熬还要被送往医院。

香港的“政客”乘机以“扶贫”为借口，反对不平等、无人权是政府造成的，制造社会不安。贫困社群是现代城市管理者的一大忧虑。

改革开放后，城市贫困近年来成为重大的社会问题。根据《中国社会结构变化趋势研究》（中国人民大学出版社，2004年出版，郑杭生主编）一书，其中一篇〈城市贫困潜伏和引发的相关社会问题分析〉文章，作者尹志刚指出：

“贫困，是在特定的社会背景下，由于部分社会成员缺乏必要的资源，因而在一定程度上被剥夺了获得必要生活资源、参与经济社会活动和发展机会的权利，并使其生活持续低于社会常规水准的社会现象。城市贫困是近年来凸显的重大社会问题。”

作者研究相当深入，范围是北京城八区，调查工作是从2000年1月至12月，文中的描述和数字令我触目惊心。我认为是建筑师必须读的书，因为书中的其他十一篇文章，也是非常高水平，而很多钻进了牛角尖的建筑师（尤其是香港的）应该读，便可了解和认识他们服务的社会，究竟是一个什么的社会！看了此书，我感到中国社会学近十年进步奇速！

中国和世界上许多城市，都有着极其相似的现象，如作者尹氏小题目所示：城市贫富化现象日渐严重；城市区域贫困已见轮廓；城市弱势群体陷入贫困窘境难以自拔；单亲家庭贫困应引起更大的关注；贫困家庭的文化、教育资源匮乏将导致结构性贫困；关注人们对贫困现象的心理承受力。有多少城市政府或强势社团会关心这些贫困社群？

很可能，由人类学、生物学、自然生态学、社会学、心理学、建筑学等学科综合研究和实验，不难找出在若干平方公里内，挤进若干人口，便会出现随着人口密度增加，阳光、通风、氧气、空间减少，噪声、推撞、挤迫增加，便会出现某些结构性的负面现象。

从各种学科和历史角度看，大都会、大工商业城市已开始老化，而现代城市也不够现代，它已属于20世纪的遗害产品。

所以，现代城市已不现代。

（3）城市工作不一定要在城市

2002年，我的前合伙人(英国人)的女儿从伦敦来港探我。我问她在那里工作?上班、下班是不是跟我几十年前一样要挤公共汽车，然后再挤地铁?她说她在伦敦市中心工作，不用上班，只用电邮(email)。如果老板要跟她喝一杯奶茶谈话，也可选择非上班、下班的时间相聚。她更表示，如果找到离伦敦更远一些、而生活指数又低一些、居住环境好一些的房子，她会搬家。

2005年，美国最畅销书籍之一，《世界是平坦的》(The World Is Flat，作者Thomas Friedman)一书叙述了讯息技术（IT）“在21世纪的全球化简史”（A Brief History of the Globalized World in the 21st Century）。简单来说，很多以前必需在城市上班的工作，已可以在家里做；纽约很多企业报税申报，可以在印度做（Out Sourcing），成本低而且在时间上与在纽约做一样快。美国航空公司的询问，甚至订机票，可以由主妇在美国或任何国家担当(Home Sourcing)。日本的家庭设计图则可以在大连用计算机(电子计算器)绘制，不但如此，大连已能生产软件，成为专门制造日本的音响器材中心。在日本以雇用一个电子工程师的薪金，在大连可雇用三个。

由此可见，城市在21世纪，已开始失去原有的“工作和就业中心”的性质，加上，100岁的城市要维修、扩建基建，更换水、电、煤气管、线和下水道，尚需很长的时间，需时长和耗资大。城市渐渐失去它原有的功能和重要性。我们在逻辑上、理性上是不是要重新审查和研究，今后对旧城市(包括在大的旧城市周边加建新的部分，如上海浦东)的发展政策和方向？

我的推论是要维护、保持原有的城市，发展小城镇、现代化农村。

（4）寻找城市的代替，寻找工作、生产及经济的新模式

“城市”是指100年或100年以上的旧工商业城市，对一般市民来说，坏处多过好处；对市政府来说，财政入不敷出，管理困难；虽然如此，教育水平到下一代，可能有一半市民可以利用讯息技术不用在城市内上班，而可以在城市外工作。对这些市民来说，他们有可能选择搬到城外的小城镇或农村居住。在这种情况下，城市便可以由小城镇或农村代替。对有孩子的家庭来说，这将是一个较良好的选择。

优点是不用花时间在上班和下班的旅程上；减少每天因挤迫的烦恼和迟到的忧虑而影响个人情绪甚至家庭和睦。工作时间和方式将会有很大的灵活性，只要按天、按周甚至按月完成工作，便没有周日和周

末、朝九晚五的工作时间限制。个人和家庭多了时间和空间相聚，享受较城市好得多的空气、阳光和大自然。

可以自选周日或周末前往城市参观博物馆、艺术展、音乐会、游乐场等文化娱乐活动。在小城镇或农村居住比在挤迫的城市较容易得到身心健康，而且生活费用(Cost of Living)较低，生活素质较高，精神压力也较舒缓。

我个人认为最重要的莫过于避免在城市日以继夜受广告(在公共汽车、地铁、大型壁画、大型荧光幕配上轰炸式音响；晚上的活动转色霓虹管招牌)影响，和交通、行人挤拥，避免每次上班、下班、外出都有“五色令人目盲，五音令人耳聋”的人身攻击！

小城镇和农村生活形式较朴素，应酬较少。不用以衣着炫耀个人的社会地位，或与邻居争妍斗艳。独立小型商店的个人服务代替百货商店，市集代替超市，天然食物代替工厂食物，天然通风、空气、采光代替冷气机和在日间用电灯照明，最重要的还是增加人与人之间的接触和关系。儿童在小城镇或农村长大后，肯定比一个在城市长大的孩子有更好的童年回忆。

西方传统规则，只有“城”和“乡”。中国由于历史关系，发展都集中在“城”，改革开放后才开始注重小城镇和农村(乡)。一般学者相信农村的剩余劳动力应向小城镇发展。很少有想过城市也可以向小城镇发展，而且应该会做成双赢的局面。由于种种现象，很多城市已承受着相当大的压力。

城市“泄洪”的对象应是小城镇。中国各大城市，自改革开放以来，人口急剧增加，国营企业陆续解散，计划经济变型为市场经济，单位制瓦解，西方文化(包括饮食、衣着、音乐、广告、电影、书刊)涌入，有些人无缘无故突然富起来，人民币贬值，加上通涨，十年以至几十年来坚信的“战无不胜的毛泽东思想”突然消失，这种种变化是一个大时代所经历的结构性的转型，而且是仍然继续改变，带来很大的冲击。

在这个大时代的变化中，有些人得益，有些人受害，有些人不明所以而隐居，有些人受不了而心理不平衡，更有些人不平则鸣而作出反抗。

加上前述《中国社会结构变化趋势研究》一书中所提出的“城市贫富分化”、“城市弱势群体”等等可能导致“结构性贫困”。

这些现象明显地表露了中国城市潜伏着、酝酿着、滋生着种种不同的社会计时隐患。

城市“泄洪”就是消除城市里社会计时隐患的措施。第一步是让能够以信息技术工作的人及家庭，自动选择迁离城市；第二步是鼓励既得利益者投资到小城镇；第三步是把部分集中在城市里企业和企业头脑，以奖励方式，投入小城镇；最后是国家投资现代化农村。

在《小城镇的制度变迁与政策分析》(中国建筑工业出版社，2003)中，作者邹兵在“导论”便介绍：

> 从1978年到2000年，我国建制镇数量由2173个增至20312个，事实上构成了中国城市化量重要的组成部分。根据全国第五次人口普查讯息，到2000年底，全国已有4.56亿人居在城镇，占全国总人口的36.1%，按照世界城市化的一般规律，我国已经进入城市化“换档提速”的发展阶段。作为中国城市化研究的核心问题，小城镇问题理所当然地得到全社会的普遍关注。

如果以全国人口约13亿计算，非城市人口便有8.44亿。如果以2006年非城市人口为8亿计算，这是一个很庞大的人口数字，怎能把8亿人城市化？

邹兵在“换档提速”的发展阶段有如下脚注：

> 美国地理学家诺瑟姆(Ray M.Northam)发现，各国城市化水平在30%以下为初期阶段，30%～70%是中期阶段，70%以上是后期阶段，而城市化30%正位于S形曲线的拐点，将进入加速发展的中期阶段。

我认为“城市化”的目的要弄清楚，而且每个国家的目的不同，意义也不一样，美国与欧洲各国又不同。欧洲有很多农村、小市镇不用城市化，因为从12世纪到20世纪，每代人把农作业、室内设备、以至街道现代化。这些农村与小市镇人口，随着时代不断增加收入，与城市人口收入差不多。这些农村与小镇，没有高层大厦。在我熟识的一个瑞士农村，四十多年来，人口由3000多只增至4000多。

像这样的农村和小市镇，全欧洲皆是，不需要城市化，因为它们每代都有现代化。

中国的城市化最大的意义，应该是改善生产方式和使人民脱贫。

20世纪80年代中叶，费孝通来港讲学。他提出了“离乡不离井”的理论；就是农村过剩的劳动力人口，可以到小城镇上班，但即日可以返农村。但“离乡不离井”的背后，我认为还需要把农村现代化。这是很适合中国庞大农村人口的国情的发展，是中国解决工作、生产及经济的新模式。如果不是这样做，何时才能把8亿非城市人口城市化?

由于有能力利用讯息技术的人与家庭有选择性地搬往小城镇或农村，现有城市人口便会渐渐减少。农村的过剩劳动力人口不涌往城市，因为可以用离乡不离井的方式，到小城镇工作。农村现代化是直接可以改善农民的日常生活，还可吸引城市人搬来。小城镇增加生产和就业机会，但人口增加会有限。

这样的发展阻止城市面积不断的扩大，和无止境的基建工程，可让人类与地球持续发展。

以简单图表表达如下：

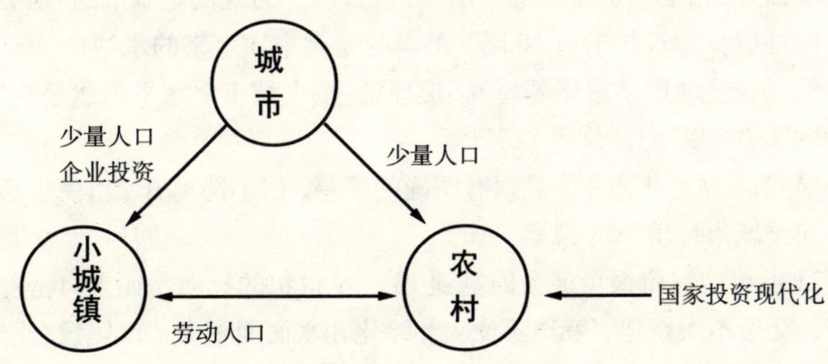

(5) 21世纪的城市

2006年4月10日Mercer Human Resource Consultant发表了全球生活素质调查。2006年全球最好住的(Most Quality Living)城市为苏黎世，第二是日内瓦；亚洲首名是新加坡，排名第34，香港排名68，上海103。

苏黎世　面积：　91．88 km^2

　　　　人口：　366800

　　　　湖面积：　88．6 km^2

日内瓦　面积：　158．6 km^2

　　　　人口：　185028

　　　　湖面积：　582 km^2

瑞士全国面积为41285 km^2，瑞士全国人口为750万，而“城市化”人口为22%(Urbanization Population)。“城市化”包括小城镇，瑞士有很多小城镇市容仍是很古朴，建筑物很多由12至18世纪保存下来，但室内和城镇都很现代化。少量新建筑物也不过是10层左右。

以世界最小国之一(瑞士)与世界最大国之一(中国)比较，是得不到什么结果的。但是带出了一个信息，就是现代化不单靠城市化是很明显，究竟是人民生活素质的问题。也带出了一个“城市”和“水面”面积与市民素质成正比。

“城市化”在我国官方的意识是大城市和建筑高层化。纽约、东京、吉隆坡、台北相继建造全球最高的建筑物，以作为现代化城市的“地标”。而日内瓦很少建筑物超过10层，最高的是湖中喷上来的水柱！

根据美国地理学家诺瑟姆的S形理论，瑞士城市化水平仍然是在“初期阶段”(30%以下)，只得22%！

显然，“城市化水平”必须有明确的解释，但不能离开“市民生活素质”和“城市环境”的因素。

21世纪的城市很可能会回复到18、19世纪的标准，如人口密度不太高、交通不太挤迫、噪声不太大、绿化和水面面积大、市民没有严重贫困、治安好等因素。

20世纪的“品牌”城市仍然可以尽力保持其品牌的声誉，但如果能把人口密度慢慢减少，交通改善，噪声减低，增加绿化和悠闲憩息的空间，清除贫困，治安良好，提高市民谋生、生活和文化素质，不但可持续享有“品牌”的荣誉，更可以有“最好住”城市之一的美誉。

就苏黎世和日内瓦被排名前二名最好住的城市，便可明白21世纪的城市化水平不在大，不在高。“室雅何须大，花香不在多”是一个简化的标准。

现有的工业和企业，可分类、分流到各小城镇，对工业和企业家都有好处；可以较容易找到从农村赴小镇“离乡不离井”的劳动力，而且该等工人工资不会比在城市聘请高，因为他们住在乡间，最重要的还有他们的心情比在陌生的城市住较好。工业、企业迁往小城乡又带动能以信息技术工作的人和家庭搬到小城镇，除了工业企业，还有大学学府是较为重要的搬迁对象，既可以减低办学的成本，教员、职工可以减压，学生可以减学费和日常生活费用。最重要的还是可以培养品牌小城镇。目前已有名牌大学在深圳设分校，未来的趋势是大学分校可分流到环境较好的小城镇。

现有的庞大“肥肿”的城市政府，可以“减肥”，把若干公职人员鼓励或自愿搬到小城镇，改善小城镇的管理。

大城市的固有设施必需保存，如本身已富有历史性的北京故宫及博物馆、巴黎的罗浮宫及博物馆、圣彼得堡的“修道院博物馆”(Hermitage Museum)、威尼斯的圣马可广场和它周边的建筑物、梵蒂冈的圣彼得教堂和广场、北京的天安门广场和它周边的建筑物、巴黎的凯旋门和围绕着它为圆心扩散出去的树荫大道、日内瓦的大湖喷水柱等等，不但已成为城市的标志，而且是它们国家的标志，甚至是地球上的标志。这些标志不但代表该城市的建筑科技，更代表了该国的美学文化和传统。

吉隆坡的双塔、浦东的几座摩天大厦、台北现今世界最高大厦，虽然是该些城市的地标，但它们只代表建筑科技的成就，并没有任何该地的地方色彩、民族风格和传统文化的表现，是一些外来的无根浮萍。何况，在9·11事件后，全世界对超高层建筑物，已有重新的评价。

城市应有的设施必须保留，如政府机关、国际机构、跨国和本国的工、商业组织及代表办事处、文化娱乐场所、大专学府等。

这些城市最好是有飞机场、客轮码头，内陆的起码有火车站、高速公路可达。但除了“硬件”设施，“软件”如经济来源又怎样呢?

最近十年来，欧、美某些国家以“文化创意”的收入占全国GDP的比例越来越高。

在《城市社会学》(王颖著，上海三联书店，2005）一书中，作者在“文化创意产业与振兴城市”一节，介绍了什么叫创意文化：

> “最早提出创意产业政策的英国文化体育媒体部认为：文化创意产业，就是那些源于个人创造力、技能和天份，能够通过应用知识产权创造财富和就业机会的产业。包括广告业、建筑艺术、艺术和古董市场、手工艺品、设计、时尚设计、电影和录像、交互式或休闲软件、音乐、表演艺术、出版业、软件和计算器游戏、电视和广播等13大类。”

作者在“文化创意产业的‘价值’”一节中说（节录)：

> “文化创意产业的‘价值’，首先体现在它更高的经济收益率，有人称之为以‘金’字打天下，这恰恰是升值复兴的基础。
>
> 1995年纽约市文化艺术产生的总经济影响为134亿美元，其中影视业的经济影响最大，为34亿美元，占25.37%。而1999年纽约仅新媒体产业的年收入就达到170亿美元，其收入增长率达到53%，从业人员增长率达到40%。
>
> 文化创意产业也是伦敦市的主要经济支柱，所创造的财富仅次于金融服务业，同时还是第三大就业经济领域。据2003年2月公布的‘伦敦市长文化战略草案’披露，伦敦文化创意产业年产值估计为250～290亿英镑，人均产值为2500英镑，几

乎为英国同行业人均水平的一倍……”

在“文化创意产业与振兴城市”一节前有“文化和城市文化”一节，尾段作者批评在文化冲突和融合中，有些城市：

> “盲目照搬抄的“大草坪”，欲争天下第一的摩天大楼；破坏城市原有肌理、穿老城而过大马路；推土机下“呻吟的文物级民居”；失去了周围呈匍匐状分布的灰色民居，饱受现代高楼挤压，孤零零的皇家及宗教建筑，都彰显出中国城市文化的不成熟。既没有完整地把握外来文化的精髓，拿着别人过时的东西当至宝，更缺乏对自己城市文化的深刻了解，妄自菲薄。往往是不见两种文化的直接碰撞，却满眼是剽窃、抄袭和造假，甚至花大价钱让假树伫立在立交桥下绿树成荫的花园之中，摆出“誓与真树比高低”的架式。城市文化的混乱可见一斑。这种“暴发户”的心态和文化素质，这种由政府部门主导的急功近利的抄袭、简单模仿甚至造假的城市“美化”运动，不可能使城市文化由冲突走向融合，更不可能创造出影响全球的城市新文化。光靠吃城市文化的老本，靠城市“死的”历史文物吸引游人，不可能成为充满魅力、极具竞争性的一流国际都市。离开城市文化的创新，在新的世纪里，最多也只能充当世界的三流城市、“世界加工厂”及“世界垃圾场”，处于知识经济的末端。”

王颖对国内城市文化的激情，有如前述的郑光复对建筑文化一样，是一种失望的愤怒(参看八－7)。我在这里重提是希望有关人士注意，及早越过这个已有四分之一世纪的“过渡时期”。我很同意我们应尽快发展文化创意产业，我十多年前称之为“文化商品化”和“文化企业化”。那个时期是看了《星球大战》(Star War)电影后，报载制片家是看了英译的《西游记》，给他启示，才拍这套片。这是美国人由中国小说文学、传统文化所受到的灵感，以至创业和创财。

中国人以文化创业最远古的首推丝绸，其次是陶瓷和茶叶。但都是艰辛的作业和缺乏企业头脑、企业管理，没有系统化。加上没有包装和运输的技术，更没有全球化知识产权之保障。“茶叶”不能推进一步，让英国人把“茶业”带到印度。首先是偷运茶树，继而大量生产，工业化和以加糖加奶使喝茶风行欧洲及美洲。瓷艺传说是给欧洲传教士偷学，而养蚕、抽丝技术也是给欧洲商人偷运蚕虫到欧洲饲养而失专利。

较近的文化商品化便是中国厨艺、功夫和园艺。厨艺不单是替中国生财，而且给很多中国移民以生计。功夫“出口”功神首推李小龙，他透过电影而传至全球，现在由少林寺继承。

园艺“外销”寿命较短。据我所知，在20世纪80年代初是中国园林在改革开放后第一次“出口”，由一位在北京度过童年的美国富孀，在纽约“大都会博物馆”(Metropolitan Museum)一隅，捐建命名为“明轩”的中国园林。由那时起，中国园林一时兴盛，在德国、加拿大和澳洲都有兴建。但昙花一现，瞬刻即逝。究其主因是造价和竣工日期都不依照“合同”进行。园林公司以为奇货可居，无故加价，又常常延期竣工；加上中国各政府部门、地方政府，不但不予以协助，更加上各种收费、税项和货物出口关卡拖延，直接使园林公司向甲方加价和加施工期，故其出口寿命也短，不能持续发展。

由远古至今，中国文化商品化不能企业化，更不能成为可持续发展的产业，这是我们每个有关人士都应该研究其失败和不能持续发展的因素，加以献计改善。

至于王颖所说的“文化创意产业与振兴城市”的问题，我认为更需研究。首先，纽约和伦敦由文化创意产业的收入，其产业不一定在纽约或伦敦，很多产业由于便利与“买家”接触和洽谈，不能不在大城市设置办公室，在城市注册地址(Registered Address)，更需要在城市注册知识产权，而知识产权的政府机关和律师都在城市，以至产业的税务也需在城市申报，直接增加了城市政府的税收。

但创意的人，如艺术家、歌唱家、流行乐队，创意工作坊如录音室、片场、画室等等都可以在城市外。

现今最幸运的而又最不公平的是“软件”产业权，它已成为全球各行各业、各家各户的必需品，而产权远近受制。比起我国的丝绸、陶瓷、茶叶的兴衰，不能不令我们感慨万千。全球化已明显地是配合科技产权而来的，我们向谁收指南针、火药、印刷的产权税呢？

21世纪的城市可以成为文化创意产业的销售点，但在城市不一定能看见文化创意的工作坊或人物。可能文化创意产业，像其他产业一样，到某一个时期又要转型。但城市如何可以持续发展？当这些文化创意产业成为历史，成为“死的”文物，其他新的产业会冒出来，支持城市的存在。但将来的产业，可以远离城市，城市的功能便成为集散、转运、物流中心了。这样，人口会逐渐减少，环境会慢慢改善。这个过程可能很长，可能需要像工商业城市的形成时间——100或150年那样长，城市便可以持续发展下去，但已不会是19至20世纪的模式了，将会休闲一些，好住一些，成为一个既繁荣而又有闲暇的，既热闹而又有幽静的一面的“地方”。

这个“地方”使我联想到宋代画家张择端的《清明上河图》。我有幸在20世纪60年代初购得《文物精华》丛刊第一期(文物出版社，1959年第一版第一次印刷)，上有郑振铎写的〈“清明上河图”的研究〉一文。这部大型画册除了《清明上河图》外，还有《南宋杂剧的舞台人物形象》图，唐三彩图片六款和“陆游、辛弃疾的手稿和其他著作”介绍，可说是图文并茂。郑振铎的研究分6段：(1)《清明上河图》绘画的是什么景物？(2)现实主义的优良传统。(3)张择端和他的真本《清明上河图》。(4)话说北宋这一个时期。(5)东京与汴梁。(6)《清明上河图》里所见的北宋市尘。避免拙文拉得太长，我只抽录第六段中一小节：

“像这样熙熙攘攘的市尘，在“图”里表现出来时，要比文字来说明来得形象化、具体化得多了。用许多话说不清楚的东西，一见之“图画”，便能豁然贯通了。所以，我们以为，一卷《清明上河图》比之十卷《东京梦华录》要醒目得多了。《东京梦华录》(卷五)说："……加之人情高谊。若见外方之人为都人凌欺，众必救护之。或见军铺收领到斗争公事，横身劝救。有陪酒食担官方救之者，亦无惮也。或有从外新来邻左居住，则相借动使，献遣汤茶，指引买卖之类。更有提茶瓶之人，每日邻里互相支茶，相问动静。凡百吉凶之家，人皆盈门。"这是老百姓彼此爱护的感人情况。我们看"图"里大船过虹桥的场面，也可以知道人民是如何地逢难相助了。

像汴梁那样的都市生活，乃是中国封建时代的都市的典型，完全代表了封建社会城市生活的整个面貌。在其近郊的农民生活里，也可以看出作为封建社会的主要生产者的农民一般能有些进步，有些发达，有些新的事物产生出来；文化娱乐生活，也不时有新的创作，有新的花朵开放出来。但因为生产关系没有改变，都市和农村的生活面貌便也有很少有大的变化。我们看了这卷《清明上河图》就觉得和我们少年时代在封建社会的都市里所见到的情状没有什么大不同。"

城市的老百姓，不论本地人或外来人，彼此爱护，是21世纪城市文化应该学习、应该持续发展的美德。城市与农村的生活情状(包括生活程度的距离)，"封建时代"与"我们少年时代在封建社会所见到的没有什么大不同"。

当然，建筑师应该注意到从郊野到建筑物、虹桥结构、到市中心的热闹场面、东京(北宋名，即现今的开封)城市的市貌街道等，但这宋城和现代城市变得完全两样，而农村则变化不大！农村的生活水平、收入比城市市民差得多！

如果只顾城市建设(尤其是"暴发户"式的东抄西袭，造假的城市"美化")，不注意市民道德，更不要奢望彼此爱护；如果继续压榨、欺凌农民(近年报载无日无之)，什么现代化的城市发展也没有用，因为发展不平衡，人民的生活水平太不平均。

21世纪的城市发展，在中国来说，必须顾全到小城镇和农村。封建时代的农村情状，不但与郑振铎少年时代的没有大不同，到现在也没有多大改善。这不能不令人担心和忧虑。要持续发展，必须要平衡、平均发展，才能代代相传。

(6) 求大同，存小异

如果以20世纪的社会现象评审，一个国家的混乱和暴行多出自城市。其理由可能直接与以上**九**-4-(2)"'现代城市'不现代"所分析有关，但其他在**九**-4"世纪之交的启示录"所述，应有所牵连。20世纪究竟是一个极不平衡、不平等的发展；而与以往不同的是它的全球化和全球化的速度。

在这种情况下，国家第二、三、四代领导人常常以"求大同，存小异"，作为外交政策之一，也是呼吁全球性可持续发展的原则之一。这是一个大国有理性、有智慧的建议，而可行性极高。

以我的猜度，"求大同"多属文明性的事物，"存小异"则是多与"文化性"有关的东西。

"求"，包括追求、请求、要求、乞求，希望能得到种种不同深度和性质的需求和需要；"存"，包括存在、共存、生存等状态。"求大同"的意思是大方向、原则、前题等重要事项必须要有认同、同一价值观、同一重视等共识。"存小异"是在这个大原则下，对较小的事物，可接受不同的看法和价值观。

《论语》(子路篇第十三)的"君子和而不同，小人同而不和"的首句，便是"求大同，存小异"。"和"是动词，如"和衷"，"和"以音，有同意的含意；"不同"是在同意大方向、大原则之下，有不同的意见。这是大国之风；能够接受他人"和而不同"的国家，也是必须要有这种修养和量度，才能办到。

但现今的霸道强国，多属"小人同而不和"，或甚至索性"不同不和"，实行以大压小、以强欺弱的全球化政策。

对这些霸道强国，中国宣之以"求大同，存小异"的优良中国传统信念，在国际关系上，已取得成果，希望在21世纪内感化惯于霸道的大国。

无论人与人，个人与家庭、团体、社会、国家之间，“求大同，存小异”不但是必需，而且是可行的；并可以使国与国之间的关系长久持续发展。

十、结论

1.“城市的代替”意义

“城市的代替”不是取代城市，而是给与城市在工业革命以来，无穷尽的扩张发展、调节城市人口无止境地膨涨、歇止或减少新城市的兴建的一个选项。现有城市是不能取代的，也不需要刻意抑制，它有无可取代的历史、政治、经济、文化背景和作用；不但不能取代，更需尽法保存和改善。

由于人口不会涌进城市，而更有城市人口移居小城镇或农村，城市无需兴建超高层的住宅和办公大厦，或标奇立异的地标。人口密度不过高，便失去了超高层建筑物和地标的广告效益。城市地皮，尤其是市中心，会渐渐失去重建的经济压力。减低大财团垄断房地产现象，迫使大财团发挥其企业家头脑，扩散投资到其他企业，开发大北方和大西北是一个好选择；甚至把视野投到海外其他市场。降低专一对房地产的痴迷；解放大财团的企业头脑，这股新力量，对国家和人民都有好处，而最大得益者，就是大财团本身。

都市里的建筑物、胡同陋巷以至区域，失去重建的经济压力后，已不成为大财团的猎物。那时便可以考虑维修那些有历史文物艺术价值的建筑物和文物，加以研究和保护；再不会有因发展投资大，有利可图，而不顾一切，不择手段，夷平重建，把百年来的坊间市民关系，小买卖经济命脉，文化组织，全部摧毁。最不良的后果，是无钱无势无关系的人民，被有钱有势有关系的强民，无情打压，而投诉无门。这种见“地”

忘义的趋势，在城市人口往外移居的情况下，便会自然减低，给古老城市传统文化一个延长生命的难得机会。

如果这个选项能够实现，城市便可以慢慢恢复它过去的社会文化功能；有昔日扬州的繁荣，而不失互助互爱的精神；有健康的都市环境，可以导致人性的回归。

2．小城镇发展

我认为在工业革命时期，西方国家如果有先知先觉，便不会把工业全部集中在城市，而会分散到小城镇。为什么工业家们不这样做呢？我相信理由是缺乏基建，如缺乏供水、煤运和原料及制成品运输路网等设施。

中国大部分小城镇的基建条件是不错的，可能缺乏的是管理人材，或是管理人材不愿放弃城市物质生活方式。如果"城市的代替"能实现，而城市的大财团亦因种种原因，投资到小城镇去，生活条件很快便会改善，包括物质的和素质的。

小城镇的地理和经济地位是在城市和农村之间，占着非常重要的地位。在国内也有不少学者，做了大量深入的研究工作，不需在这里赘述。

3．农村现代化

目前，无论工业、商业、金融业如何发达，城市人如何富有，与农民、农村、农业没有什么关系，而且只会日趋贫富悬殊的社会现象，埋下隐忧。以我对经济认识的浅见，现今中国国库盈余，人才众多，可以每年拨出若干款项，投资到农村。用一个特别的五十年(或长或短)的计划，由专门队伍人才跟进，逐步农村现代化。

农村现代化首要是供水、供电(或通气)，小车可到村口；若干年后，设下水道，大型货车可到村口，有剩余电力可以搞小工业；若干年后，维修住屋，维保有历史价值的古迹文物。与此同时，提供优良五谷瓜菜水果种子，优良禽畜，提供科技耕种、饲养及工具，安排合理价格收买或代理；建设信息网络，发展物流企业；每年有计划的修桥筑路，美化自然环境。

最终目的，是使农民的物质条件与城市尽量拉近。

4．建筑文化的抉择

试想，如果“城市选项”成事实，将会是一个什么样的世界？

我想农民的物质生活会提高，小城镇人民生活素质会提高，都市市民会得到从来未有过的身体和精神纾缓。这种纾缓，是直接由人口密度下降，城内交通量下降，噪声下降，空气污染下降，而带来市民身心压力下降。

从城市移居到小城镇和农村人口，大部分会是专业和中产人士。他们不但可以在移居的地方，继续做他们城市的工作，还可以在移居的地方选址兴建新房子。地方政府，亦会因应移居人口结构，做出适当措施，如按学龄儿童、成人、长者数量，兴建中小学校校舍、幼儿园、小型体育馆、健身室、电影室、青少年康乐活动中心、图书室、医疗站、养老院、旅店等中小型建筑物。

小城镇也因从城市移居来的人口结构，建造适当的建筑物，如工厂厂房、物流转运站、集装箱停泊及修理站、货仓、工人宿舍、展览中心、会议中心等硬件；更因地处城市与农村间，亦会增建电力变压站、储水站、桥梁、高速公路等大中小型基建项目。

建筑活动量，可能由大都会和城市转移到小城镇和农村。

这也将是中国现代建筑文化百年来一次最大转折点的机会。

5．建筑师的抉择

如果建筑量，由城市转移到成千上万的小城镇和农村，会不会把现今城市那些炫耀夸浮、华而不实，只表现建筑高科技文明，没有建筑文化内涵的建筑设计作风也转移到小城镇和农村。或更不幸，堕入由美国诱导、亚洲新发家的暴发户国家互相竞求兴建全球最高的摩天大厦圈套？因为缺乏，或多或少也要邀请美国专家协助，甚至购置美国建材和设备。

我希望不会，因为大财团投资到小城镇，没有炫耀的必要。最大的原因是没有在城市般的斗炫耀、斗奢华、斗浮夸的竞争；而不是因为大财团突然有建筑文化使命感，他们“在商言商”，需要尽快取得投资的回报。因而可能出现一种实事求是、实而不华、朴素、简洁、耐用的要求。

建筑师将会有“职业生活”和“专业生命”的选择：继续留在城市干活，还是移居到小城镇或农村，干一番事业，寻找生命的意义？

建筑师在城市，一般服务的对象是大财团、大房地产商。在香港，三十年来，已越来越少私人聘请建筑师。三十年前的船务公司、纺纱厂商、制衣厂、铝质用品厂、暖水壶厂，制油漆厂、造船厂、大酒店、大酒家、百货商店、药材行、房地产商等等，多是家族生意。无论哪种行业、机构大小，当他们聘请建筑师时，都是话事权最高的大老板接见，是“个人”对“个人”的会议，当然也有其他人在场，参与讨论，意见是有的，但大老板说了话便算数。在政府机关，运作也是相同，最高职位的，话说了便算数。这不是说，大老板或高官独裁，而是那时代，个人敢于承担责任。这种敢于承担，是建立在大老板或高官，对建筑师的设计技巧，过往业绩，专业操守的信赖基础之上；而建筑师也拼命地完成任务，不辜负业主的期望，从中也建立了友谊和私人情感

三十年来，小房产商变为大房地产商，百业受了影响，都转行为房地产商。房地产项目越来越大，投资越大，盈利越大；时势制造了若干家上市房地产公司，已跃为大财团。他们聘请建筑师，是以“大巫”心态，招见“小巫”，因为建筑师仍然是以个人身份赴会。可惜时移势易，这种会议已不是个人对个人，而是大财团里的什么建设小组、物业发展小组，会议主席是群龙不见首的大财团的小代表，与建筑师没有一点私

人情感或关系，建筑师离开会议室时，候客厅还有几位建筑师无奈地等着小组招见。

这种业主对待建筑师的残忍手法，司空见惯。大老板利用集团的小组——对建筑艺术与文化一无所知的小组，让建筑师向他讲解设计理念等等，组员亦听若罔闻。小组与建筑师都知道大老板要的，是那个免费建筑设计最好，而收取设计费又最低的建筑师。最后，选上的建筑师，还要受再减收费、再改设计等等的折磨。

大都市有多种建筑师，其中有极少数设计卓越、而不受辱于大财团的建筑师；有家底厚或自己因发展房地产致富，干不干也能过活的；但绝大部分要谋生，为大财团服务，为五斗米折腰者。我认识很多年轻有志的建筑师，但因为他们的老板也要折腰求存，他们只能暂时忍耐，等候机会。

香港建筑师在创意方面，很少有机会表现。因为业主多是房地产商，他们对房地产市场很熟识，哪些设计(包括平面图、建材、颜色等)可卖，哪些不好卖，都了如指掌。他们会给建筑师蓝图，请你照抄，你无需动脑筋。有时候，他们旅游归来，或从杂志看到某建筑物，要求建筑师照样来一个，建筑师要生存，只能听从命令。

很多所谓有“创意”的建筑物，都是很聪明的抄袭，再看便知是也曾相识的某西方建筑师的作品。但是，就算是属全球不出十位星级建筑师，他们所创造的，也多是科技性、结构性的地标，与我们的建筑文化，扯不上什么关系。他们只是服务于某大财团，而这大财团亦乐于利用星级建筑师，设计标奇立异的地标，去弘扬他们的财雄势厚。某些弱势政府，也利用这些星级建筑师或工程师，设计一些大型建筑物或工程项目，做一些公关和宣扬的工作，结果是劳民伤财，弄巧反拙。

无论如何，时至21世纪，很少人会问：“建筑师应为谁服务？”

如果城市选项能成事实，建筑师可选择留在城市，或移居农村小城镇，为小市民服务；反正，还有很多中小私人或公共项目和工程，等候兴建。届时建筑师将会服务个别的私人房屋主人，村镇的小学校长。所有项目，都是以个人对个人的接触，而不是大财团的代表，建筑师将会寻回自己的专业信心和尊严，重拾我们的人性和人格。我相信，年青和有抱负的建筑师，都会移居到农村小镇。我们应为使用者服务。

6. 以古法前进

当建筑师不用向大财团叩头，
不用追随西方潮流，
当你的业主是你的邻居，是你的好友，
当你的设计不需再夸浮，
你将会朝哪个方向走？
我的答案是你不需等候，
我的方向是走回头。

"山不在高，有仙则名。水不在深，有龙则灵。斯是陋室，惟吾德馨。……孔子云：'何陋之有？'"

我在小学时，苦诵而不得其解的《陋屋铭》，现在给我很深的启发。还有，"室雅何须大，花香不在多"，这些是多么自信的哲理。

我很相信朴素幽雅，简洁清晰，甚至带点地方色彩，民族风格，乡土气息的特色和韵味；配合大自然环境，回归到大自然的怀抱，是多数人的喜爱。

我们离开了中国传统建筑文化太远了，太久了。何时走回头？如何回头走？我认为"城市选项"的开始，便会产生回归的气候，重觅源头，开始漫长的重生之路。

从历史上看，中国在经济和社会均衡发展的问题，多出在农民生活贫困。为什么我认为我这个理论和推论，会可行并且可以持续发展，而和以前的农村现代化不同呢？主要的原因是城市选项成熟时，不但政府的投资到位，大财团的投资到位，最重要的而是前所未有的，是"人"也到位。

不单是住在城市里的大学研究室里的经济学家，社会学家，三农专家，计划、规划、建筑等专家，作出调查研究和建议；而是这些学者专家，部分会到农村、小城镇来定居，成为农村人口结构一分子，不需要上山下乡，以亲身体验，长期作出建议和献计，农村现代化便可持续发展。

7. 两个瑞士农村的小故事

20世纪80年代，我常常因探望外婆家，住在瑞士农村。有一次，我和太太散步，横过马路来了一队数百多头牛的牛队，带头的是一头特别丰健的公牛，两角系有“穿红带绿”的绣球和鲜花，强而有力的粗脖子系着百来斤的铜铃。一名赶牛农夫，穿着农民的传统服装，头戴毡帽，帽上插了鲜艳的鸟羽，手持树枝，站在马路让牛队过马路上山(夏天整条村的牛，由几名农民带上山吃草，至初冬才回来)。一辆名贵汽车驶至，不知是有或无意，司机按了一下响号。农夫马上怒目看着司机，以手拿下那吊斗形的烟斗，望了望车牌，大声喝骂：“不要以为你是从苏黎世来，便可以随意横行！”。司机不敢抬头，只好耐心等待牛队继续横行过马路。

第二个故事也是在20世纪80年代，报载一位住在瑞士某城郊的市民，控告某农民的牛铃，彻夜叮叮当当地响个不停，导致他不能入睡。法官判农民胜诉，判词曰：“我认为牛生存在农村比你早，你没有权利要他搬家。如果要搬家的话，是你。”

以上两个小故事，说明农民没有比起住在城镇的市民，有任何自卑感；并且，法律维护他们生活和生计的方式。

中国要急起直追的不是西方式的城镇化，而是三农现代化，是“寻找古法前进”的现代化，这个古法是中国的古法。

皇天后土，佑我华夏，持续发展万年、万年、万万年！

(2006年清明时节脱稿)

跨文化建筑——全球化时代的国际风格

张钦楠

引　言

在20世纪90年代，笔者曾经发表过一个论点：在20世纪前叶，方盒子式的“现代主义”成为“国际风格”；在20世纪后叶，它受到了后现代主义和批判地域主义的批判；到20世纪末，用高新建筑技术作为形象特征的“高技派”崛起，成为一种新的“国际风格”；然而，在21世纪，随着全球化和各种文化的交融，今后的“国际风格”必然是跨文化的。

事隔十年，我的观点依旧。

近年来，不论是国内或国外，“风格”的概念似乎在淡化或消退。外国有一些建筑师，热衷于在城市中留下自己的“签名”，不愿意用什么概念性的“风格”来束缚自己。有的评论家，如宣判“现代主义死亡”而大名鼎鼎的查尔斯·詹克斯，在接连出版了几本充满了新名词或形容词的著作后，大约也感到有些疲劳而偃旗息鼓。在中国，从“欧陆风格”流行一时后，开发商们也转向新的“时尚”称号：如绿色建筑、宜居城区等，什么“风格”之类，也没有多少买卖可做了。

然而，建筑作为一种艺术形态，仍然逃脱不了风格。有“国际”的、民族的、地域的，也有个人的风格。它们是在某种创作思想指导下的一种艺术表现形态，始终是既有个性、又有共性的。它们又是某种时代和社会背景的产物，产生在不同的国家、民族和地域。

有一次，荷兰的建筑师艾多·范·艾克对笔者说，“说我是荷兰结构主义者，都是那个弗兰姆普敦干的好事”。然而，当笔者问他是否是“十人小组”之一时，却又骄傲地说：“是呀”。可见，不管自己承认与否，总有评论家把你和你的作品归类为某一流派或“风格”，何况“十人小组”是他们自己取的名字。

笔者对“那个弗兰姆普敦”是很钦佩的。近年来，他把当今的建筑作品按其形式分成两大类：“产品－形式”（product–form）和“场所－

形式”(place-form)。前者把建筑视为一种“产品”，和汽车、电视机等一样，按其功能需要进行设计，“放之四海皆准”，不必讲究什么民族或地域的区别（至多按自然条件作些调整而已），对于一些功能建筑（机场、医院、工厂、体育场馆等）尤其如此。这派建筑师，可以说是20世纪现代主义“国际风格”的继承者（虽然他们也会像范·艾克那样地矢口否认），当前往往被称为“高技派”。宣判“现代主义死亡”的詹克斯，对他们的作品津津乐道。现在在中国备受欢迎的那些“新、奇、特”作品，也多数属于此类。且不说国家大剧院实际上是建筑师在日本大阪海中设计的一个博物馆的登陆翻版，就是原创的“鸟巢”，搬到大阪去也无甚不可。其实，人们可能对一、二幢“怪物”的出现感到兴趣，但是如果一座城市里忽然到处出现阿基格拉姆式的“大爬虫”，又会不会感到恐龙时期又回来了？

“场所－形式”则不然，设计者大约都受诺伯格—舒尔茨“地方精灵”(genius-loci)的影响，迷恋不舍地去为自己的作品创造场所感。试问，能把伦佐·皮亚诺在太平洋小岛上设计的特吉巴鄂文化中心中的大“盾牌”搬到大陆上来吗？同样，能把R·里瓦尔为新德里设计的亚运村搬到北京来吗？

在奥运会的各次开幕式中，最令人难忘的是在洛杉矶举行的那次。设计者没有用多少昂贵的花俏，却是让所有参与国的成员穿着民族服装入场。这种绚丽多彩给人们非常强烈的一种对“国际”一词的新阐释，使人们理解到，“国际风格”并不要求一律，相反，它是一种多元的组合。抹煞了差别，也就失去了“国际性”。这种多元性文化的交流和交融，就必然会产生“跨文化”，这就是笔者心目中的未来的“国际风格”。我们所理解的“中国特色”，也不可能是排他的，而必然会以“跨文化”的面貌出现。

在这本小册子中，笔者试图用“跨文化”建筑的历史和当代实例，来说明它是一种“早已有之”的建筑形式，只要人类有多种文化存在，就必然会产生这样或那样的“跨文化”建筑，成为建筑和文化创新的引路者。同时，笔者也追溯了我国一些当代建筑师作品中的“跨文化”特色以及他们的相关创作观点。此外，也试图探讨“跨文化”建筑的实质所在，以说明它为何是正在驾临的全球化时代的新“国际风格”。不妥之处，恳请批评。

一、历史上几个成功的“跨文化”实例

1. 希腊“柱式”的形成和运用

对建筑师来说，古希腊的“柱式（column orders）”是人类的一种最早、最美妙、最理性的建筑创造。然而，无可否定的是，它们也是一种“跨文化“的产物。

据文献介绍，希腊半岛的居民是从欧洲大陆和小亚细亚来的移民部落，有的部落早在公元前20世纪（约相当于我国的夏朝）就从高加索地区来此定居。公元前17世纪，有亚细亚和伊奥尼亚部落进入南部希腊，建立了迈锡尼文明，并向外扩张。公元前11世纪有多立克部落进入半岛内部。和中国一样，希腊最早是一个多部落的地区，通过部落间的文化交融逐步形成了希腊民族。

希腊人最早使用木作为基本建筑材料，后来由于要求神的保护，改用石材建造神殿，其石造建筑在很大程度上保留了木造建筑的结构特征，但也逐步演变，形成了以“柱式”为基础的构筑体系，并形成了内陆的多立克和沿海的爱奥尼克两大柱式。其中，多立克柱的特征是粗壮，而爱奥尼柱的特征是纤细（可能受航海业的影响）。这些柱式从公元前9世纪开始，经过长时间的发展改善，到公元前5世纪达到了顶峰。

公元前1世纪的罗马建筑师维特鲁威在他的《建筑十书》中对希腊柱式进行了阐释[1]。他认为：多立克柱像一个强壮的男人，而爱奥尼柱则像一个纤秀的女人。这不是没有根据的，因为从很早开始，希腊人就试图按人体的尺度和比例来设计柱子，体现了他们人文主义哲学思想的影响（图1），也是使意大利文艺复兴时期的艺术家所惊喜、欣赏和继承、发展的基本观念。

希腊人所信奉的是以奥林匹斯山上的宙斯为首的神的家族，既有男神，又有女神（有的文献说“男神的观念是欧洲人的，而女神的观念是地中海式的”[2]），于是在神殿的建造中，两种柱式就都发挥了自己的作用（当然，事情并不是完全如此简单，因为男神的庙可以用爱奥尼柱，

图1　古希腊的三种柱式
(左上：多立克；
左下：爱奥尼；右上：科林斯)

而女神的庙也可用多立克柱)。

于是,这两种在不同地域和部落发展起来的柱式,到公元前5世纪(相当于中国的春秋战国时期)就被作为一种“跨文化”的形式采用在雅典卫城(图2)的建筑中：我们看到其主殿帕提农(Parthenum)用的是多立克柱，而几乎同期建造的伊瑞克提翁庙(Erechteion)则用了爱奥尼柱，另外还有一排人像柱(图3、图4)。但是，按诺伯格－舒尔茨的理解：

“两栋建筑都综合了多立克和爱奥尼的性能。在伊瑞克提翁中,爱奥尼是统宰的，并且过分自然主义地设立了一排由6个人像组成的人像柱列门廊,但是它的其他门廊却用了几乎是多立克重量的檐部。另一方面,帕提农主要是多立克的，却很少有多立克那样的重力。它那大量的较为细瘦的柱子给人以一种爱奥尼的感觉……”[3]

在这里，建筑师已经不再被那些已定型的规范所约束，而是根据创作表现的需要综合性地发挥两种(加上人像柱)柱式的特色，缔造了一种跨文化的境界。整个卫城(包括其他建筑)从总体上显得如此协调,如此自然,体现了一种综合的希腊古典精神(或雅典精神)，这就是“与理智主义相随的……一种活力与热情”[4]。

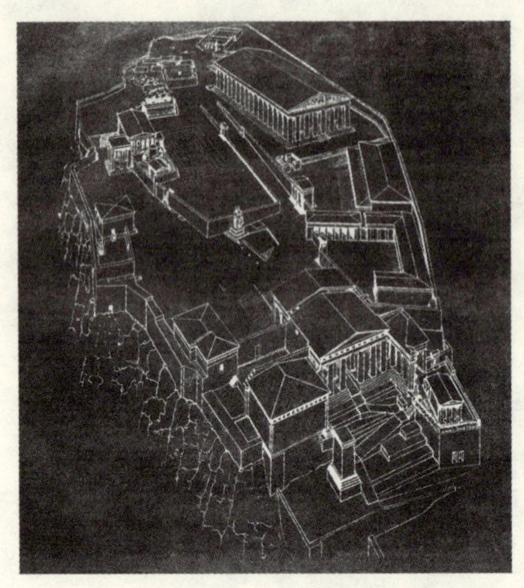

图2　雅典卫城鸟瞰图

希腊还有第三种柱式：科林斯柱式。它出现得晚，使用得少，后来的罗马却用了不少。维特鲁威把它比拟为一个少女，它更多地用作装饰。诺伯格-舒尔茨介绍了希腊建筑师伊克蒂诺斯（帕提农的设计师）于公元前420年在巴赛建造的阿波罗庙中，外圈用多立克柱，内圈用爱奥尼柱，而在两排爱奥尼柱的尽端中央，却站立了一个独立的科林斯柱，认为“它表达了上帝心理结构的复杂”[5]。

图 3　帕提农神殿

图 4　伊瑞克提翁神庙

参考文献

(1) 维特鲁威.建筑十书.高履泰译.中国建筑工业出版社，1986

(2) 基托.希腊人.徐卫翔，黄韬译.上海人民出版社，1998

(3) 克里斯蒂安·诺伯格－舒尔茨.西方建筑的意义.李路珂、欧阳恬之译.中国建筑工业出版社，2005

(4) 同(2)

(5) 同(3)

2．伊斯坦布尔宗教建筑的穹顶结构

土耳其的伊斯坦布尔，位于欧亚两洲的交点，也是欧亚文化冲突和交融的场所。

公元330年，当时罗马帝国的皇帝君士坦丁宣布自己皈依基督教，在这里定都，定名为君士坦丁堡，建设了一座被称为“第二罗马”的城市。随即在395年，摇摇欲坠的罗马帝国正式分裂为东、西罗马，前者（东罗马帝国）又称拜占庭帝国；后者在公元476年日耳曼民族入侵时灭亡，但是位于梵蒂冈的罗马教皇仍然是世界（欧洲）基督教的总部。1054年，基督教正式分裂为天主教和东正教。

东罗马帝国一直存在到公元1453年被伊斯兰教的奥托曼帝国替代，在这一千年左右，它产生了灿烂的信奉东正教的拜占庭文化。最能代表这一文化的是至今仍然屹立在市中心的哈吉亚·索菲亚（原意是“知识之堂”，也有人称为索菲亚大教堂）。

奥托曼帝国在伊斯坦布尔建造了一系列清真寺，甚至把哈吉亚·索菲亚也改造为清真寺。奥托曼文化也给人类文明添加了光彩，人们称之为土耳其文艺复兴，突出的标志是与哈吉亚·索菲亚遥相对视的蓝色清真寺和相距不远的苏莱曼清真寺。

奥托曼帝国于1922年被基马尔领导的革命所推翻，成立了土耳其共和国，迁都安卡拉，但是伊斯坦布尔仍然是国内和世界的一个重要城市。

在今日的伊斯坦布尔，我们可以看到几个历史文明更替的遗迹，也可以看到它们之间的交融和继承关系，特别是在其宗教建筑所用的穹顶结构上。

史学家对穹顶的起源还有争论。从考古的角度来说，现在能发现的最早穹顶是公元前14世纪（相当于我国的商朝）在希腊发掘的索洛斯墓（又称阿特勒斯神的宝库），这是一个直径为15米的穹顶，用石块以同心圆向上一层层地收缩而砌成，以后的希腊建筑中就见不到此类结构。西

图5 罗马万神庙

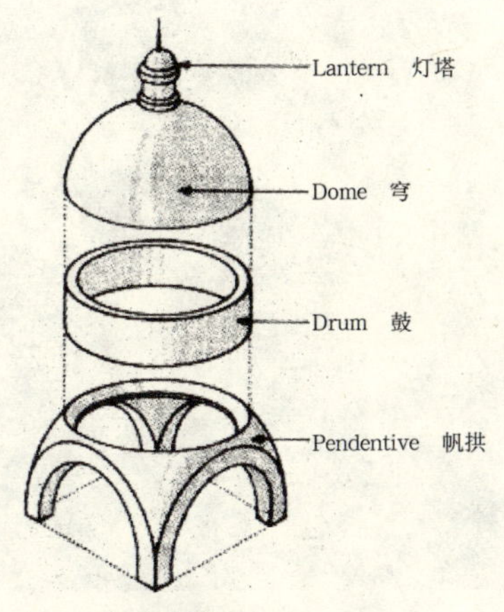

图6 帆拱的作用

方学者把大圆穹的出现归功于公元前124年的罗马万神庙（图5），直径43米，并认为它是君士坦丁堡哈吉亚·索菲亚的引路者。但是一些东方学者却认为用帆拱支撑的穹顶最早在公元3世纪波斯萨桑王朝的皇宫和火神庙内原创性地使用。这是一种上圆下方的建筑（图6），与万神庙的上下都圆的在构筑上有根本的区别。[1]

笔者仍坚信由文化交流产生“跨文化”建筑的作用。公元532—537年在君士坦丁堡（现在的伊斯坦布尔）由东罗马帝国(拜占廷帝国)查士蒂尼皇帝下令建造的哈吉亚·索菲亚（Hagia Sophia，意思是“神圣智慧之堂”，图7），公元536年建成，至今仍然是人类创造的建筑奇迹。它的中央穹窿，直径为32.6米，穹顶离地54.8米，穹顶底部边沿开40扇窗，使整个屋顶好像飘浮的天空。它的大穹顶是用三角帆拱传递到下面的柱墩，继承发展了波斯萨桑皇宫的经验，与万神庙不同。

哈吉亚·索菲亚的设计师是建筑师伊西多路斯（Isidorus of Miletus）与建筑师、工程师、数学家安蒂米乌斯(Anthemius of Tralles)两人，关于这两位建筑师的生平详况我们知道得不多，只知道他们都是小亚细亚出身的。伊西多路斯父子（或叔侄）均以建筑为生。安蒂米乌

图7　哈吉亚·索菲亚教堂内景

斯是君士坦丁堡大学的几何学教授，有数学著作留传至今，他在哈吉亚·索菲亚建成后第二年就去世。他们二人估计在当时已经成名，所以得到查士蒂尼大帝的直接聘请。

由于他们都出生在亚洲，虽然他们可能去过罗马，但是受波斯文化的影响肯定要胜过罗马，因而能创造性地运用帆拱来支撑大穹顶的做法。第一次完工后因558年地震发生过倒塌，由另一位伊西多路斯（一说是前者的儿子，也有说是他的侄子）于563年修复，提高了穹顶的弧度，使这幢庞大的建筑物历经近1500年的考验而屹立至今（在公元989年和1346年地震中有过局部破坏）。

把波斯皇宫和罗马万神庙的经验综合起来，建造一座东方基督教色彩的"知识殿堂"，把万神庙中封闭式（镂空以减轻穹重）的穹顶用周边开启的小窗来体现飘浮天空的效果，这本身就是一个重大的创造。[2]

约1000年以后，当拜占庭的君士坦丁堡已经被奥托曼的伊斯坦布尔所替代，阿拉伯杰出的建筑师锡南实现了自己的毕生宿愿：建造一所超越哈吉亚·索菲亚的建筑，1550～1557年建造了苏莱曼大清真寺（图8）。在这座充满了伊斯兰主题的大厅里，帆拱又一次支托了巨大的穹顶。它

图8 苏莱曼清真寺内景

的结构是如此地完美，以致在建成后几百年内的多次地震中，没有出现过一丝裂痕。

同样的帆拱还出现在1609～1616年建造的蓝色清真寺内。于是我们可以看到，一幢建筑可以容纳各种文化的多项要素而成为“跨文化”的，而某一建筑构造也可以成为“跨文化”而被应用在多种文化背景之中。[3]

参考文献

(1) Bernard O'Kane. Dome in Iranian Architecture. Circle of Ancient Iranian Studies at the School of Oriental & African Studies (SOAS). University of London, 2005

(2) Spiro Kostoff. History of Architecture, Settings and Rituals. Oxford University Press, 1985,1995

(3) Ugur Ayytkhz. All of Istanbul. Net Turistik Yayinlar A.S.

图9 威尼斯现况

3. 威尼斯的水上建筑

处在意大利东北角的威尼斯是个由100个小岛组成的城市，与陆地间有大片湖泊与沼泽相隔（图9)。公元5~6世纪当北方的日耳曼族人入侵时，有4万名罗马人逃进了这片沼泽地。他们发现这块地方虽然难于栖身，却易于防御，于是在这里开始了艰巨的建设，用了1000年的时间，建成了世界上最美丽的水城。诗人拜伦说:“她的容貌像一个梦，她的历史像一段传奇。”

威尼斯的城市是与她的整体历史的发展紧密相连的，大致上可分为三个时期：从公元5~6世纪到11世纪是开拓时期；从11到16世纪是昌盛时期；在16世纪达到顶峰。

有人这样描述最初的开拓时期：

“他们都是难民，为数四万余，在5世纪被蛮族逐出他们的故乡，在这海沼之中避难，此处土地经常移动，处于咸水的沼泽之中，难民发现无土可耕，无石可采，无铁可铸，无木料可做房舍，甚至无清水可饮。他们（仍然）在此创立了黎多的港口。”[1]

图10　威尼斯的主岛

图11　威尼斯的“街景”（注意“威尼窗”的运用）

黎多（后来泛指威尼斯各岛）是高出水面土地的最高点，成为移民开发的起点。从一开始他们就发展了水运，从陆地运来了建设材料，在港口开始了造船业，并利用其地理位置发展了商业。他们先组成社团，选举了统领（doge），名义上归属于罗马帝国，实际上是一个独立的“城邦”。

最初的黎多的建筑是很简陋的，街道用夯土筑成，泥泞不堪，而且堆满了垃圾，后来就演变为运河，人们干脆以水为街。

有趣的是，公元9世纪中，威尼斯的商人从北非的亚历山大港偷窃了圣马可的遗体，在岛上建造了圣马可的灵堂，把他奉为自己的保护者。现在著名的圣马可广场，就是在这个基础上形成的。第一座圣马可大教堂在11世纪重建。

到11世纪，威尼斯已初具规模，依靠造船业（建设了造船厂——arsenal）和商业而发达起来，成为沟通东西的重要枢纽。特别是在十字军第一次东征时，他们建造的战船立了战功，使他们得以参与对耶路撒冷的掠夺。更其甚者，是在第四次十字军东征（1204年）时，他们怂恿东征军队把矛头转向同是基督教的拜占庭帝国，烧杀掠夺了君士坦丁堡（现在的伊斯坦布尔），既毁灭了自己在近东的商业对手，又分割了其八分之三的领土，使自己成为东地中海的最强国，在15世纪，被誉为“四海皇后”。

据黄仁宇先生的观点，当整个欧洲还处于中世纪的封建制度时，威尼斯已率先进入了资本主义。

在这个时期，威尼斯的城市和建筑已开始形成了自己的特色。城市的核心位于以圣马可的行政和公共活动区和黎多的商业区为中心，是用一条S形的大运河相隔的主岛（图10）。岛的东南角是著名的造船厂及其港口，岛内小运河密布，成为城市道路，建筑都临河建造，但一般都有开敞的后院，内设室外楼梯及水井。交通工具是浅底的“贡多拉”船，这也是威尼斯的特色，至今虽然盛行摩托艇，但贡多拉还在招揽游客，就像北京的黄包车和三轮车。

威尼斯的建筑风格吸取了周围各国的精华，然而她善于把它们综合成自己的特色。美国的建筑史家S·柯斯托夫是这样描写的：

“威尼斯的过去是她自己的，她牢牢地拥抱着它。她也曾经是个世界中心，她的世界属于国际商贸社团。她的灵感取自她在海外到达的港口以及大陆的市场集镇：拜占庭、阿拉伯国家以及哥特式的欧洲。她的建筑情趣爱好华丽和奢侈，就像她所建造的大型商船一样。威尼斯的建筑喜好采用色彩、高级石材、雕塑装饰和丝缎式的花边。这种表面光彩，被用在几个世纪很好变化的传统框架之上。”柯斯托夫还特别提到了威尼斯人在吸取各地风格中形成的自己特色之一：威尼斯窗（图11）。[2]

到16世纪，当意大利各城市都兴起了文艺复兴高潮时，威尼斯也不例外。但是，在此之前的1453年，土耳其奥斯曼人占领了君士坦丁堡，加上西亚的伊斯兰化，还有哥伦布发现的新大陆，都大大地削弱了威尼斯的经济地位，使她走上了衰退的道路。然而，即使如此，威尼斯的城市建设在16世纪仍然出现了一个昌盛时期。先是在上半叶（1537年）邀请了意大利建筑师J·珊索维诺来规划设计圣马可广场，建造了世界上最美丽的广场及建筑（图12）。柯斯托夫的描绘是：

图12　威尼斯圣马可广场（16世纪改建）

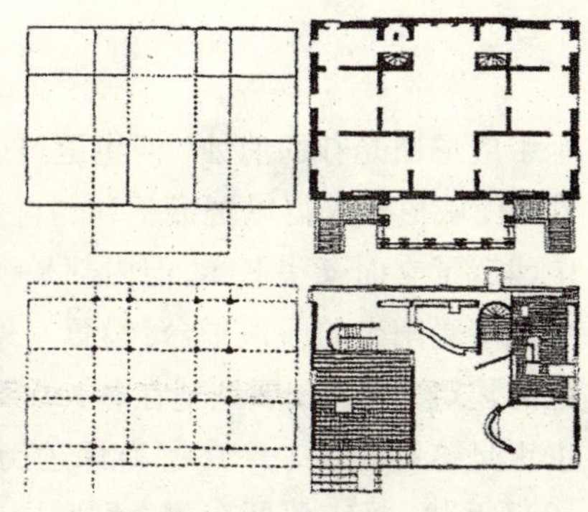

图13　上：帕拉第奥马康汤他别墅(1560年)
　　　下：柯布西耶蒙奇别墅(1927年)

“即使城市正式地通过邀请珊索维诺……引进了意大利风格，地方模式仍然顽强地存在。珊索维诺知道如何把最先进的文艺复兴建筑适配到（威尼斯原有的）豪华纹理之中——这是他成功的秘诀。”[3]

到16世纪的下半叶，当地出生的建筑师帕拉第奥出现在建筑舞台。这位石匠出身的建筑师为威尼斯设计了一系列公共建筑（教堂、市厅等）和私人别墅（图13），同时在1570年出版了《建筑四书》，从理论到实践总结和塑造了威尼斯的独特风格。柯斯托夫说：

> “本地的建筑师帕拉第奥，在18世纪的下半叶，使威尼斯发明了自己的文艺复兴：折中的、经验实用的、适应性的、又光彩又轻松的，始终成为它环境的标志。”

柯斯托夫指出：帕拉第奥的别墅，尽管其立面采用了庙宇式的门廊，然而其内部确是一种简约的、立方体的设计，具有清爽的几何清晰性； 他设计的教堂，吸取了拜占庭、哥特和罗马功能建筑的手法，但其内部只用奶油色的粉刷，而没有罗马和佛罗伦萨教堂内的富丽壁画及装饰，成为“罗马新的凯旋和新教的平凡之间的一种宗教格调”。[4]

我们或许可以说，帕拉第奥的理论和实践，在某种程度上反映和预示了威尼斯光彩的消蚀，但也更可能是威尼斯理性的总结。正是这种理性，使威尼斯人得以把最不利的自然条件（沼泽地）变为资源，在泥泞中建造了立面豪华多彩、但内部是统一框架、适应室内环境要求的高窗、可以享受阳光的屋顶平台、设置室外楼梯及水井的后庭院等具有自己特色的建筑，以及发展到现在有150条运河交叉及409座桥梁的水上城市。也正是这种理性，产生了有深远历史意义的帕拉第奥平面，它启示了1927年勒·柯布西耶在蒙奇别墅中的平面设计，也成为1949年R·威特科瓦提出的“新人文主义“的基础。这种外部富丽多彩与内部重视功能的爱好可能与威尼斯商人对外讲究气派而对内精打细算的性格分不开。

威尼斯的魅力，就在于它立足于本地的资源和条件，建立了自己独特风格，但又具有“跨文化”的特征。

（注：本节基本上取自拙著《特色取胜》，稍有修改，机械工业出版社，2005。）

参考文献

（1） 黄仁宇.资本主义与二十一世纪.三联书店，1997

（2） Spiro Kostoff. A History of Architecture. Oxford University Press，1985，1995

（3）、（4） 同（2）

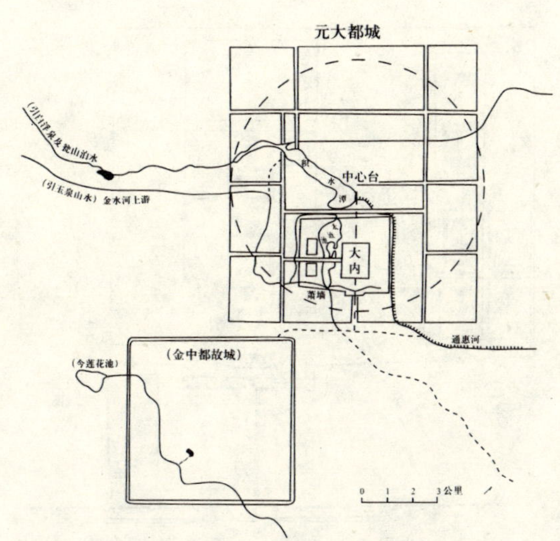

图14　元大都与金中都的相对位置及水源配置

4．中国的元大都

元世祖忽必烈于1260年登基时，其首都在今内蒙古锡林郭勒盟正蓝旗的上都镇。命刘秉忠“相地于恒州东滦水北，建城郭于龙冈，三年而毕，名曰开平，继升为上都……四年（1267年），又命秉忠筑中都城，始建宗庙宫室。八年，（秉忠）奏建国号曰大元，而以中都为大都”，开平就成为上都。

可以相信，上都更多地带有蒙古族的特色，而元大都则体现了蒙、汉等民族跨文化的性格，更多地具有汉族的色彩。然而，二者都是游牧民族（动态的）和耕作民族（静态的）的文化交融，产生了一种鲜有的特色：生态的特色。

元大都的位置在被摧毁的金中都废墟之东北（图14）。所以选择这个位置，固然与习惯的“破旧立新”的观念有关，但更主要的出发点是“水”，解决新都城市供水和航运的需要。在这里，水利工程师郭守敬发挥了他卓越的才能。大都用水分两股从西输送到城里，一股是供皇家专用的，另一股则供城市之用。原有的三海成为接纳供水的大水池。不仅

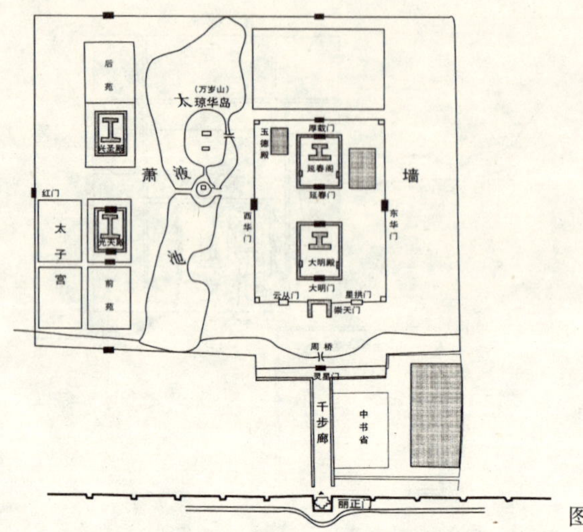

图 15　元大都皇城平面图

如此，从南方通过大运河输送来的粮食和货物，也经过城东的河道通向什刹海北岸。有了这个水系，位处干旱地带的元大都就有了生命力。所以我们说，元大都的规划是以生态观念为基础的。

大都的城市规划和建设主要靠三个人：汉族的刘秉忠通盘负责，同是汉族的郭守敬负责解决水源和水运，阿拉伯人也黑迭儿负责宫殿建筑，光从人员的组成来看，就可以理解这个都城必然是“跨文化”的。

元大都的特点是有两条中轴线。在皇城内的一条以三海中的琼华岛前的仪天殿（今团城）为中心，这里原来是金皇室的离宫。忽必烈在占领金中都时，就驻扎在此。从干旱沙漠来到此地的蒙古君王，实在太喜欢这里的水环境了，因此他要求新的都城以琼华岛为中心建设。于是在皇城中，出现了三宫（大内、太后住的兴圣宫和太子住的隆福宫）环绕水面（太液池）的布局，而且在琼华岛的小山顶上修造了广寒殿，供忽必烈消遣时用。

然而，刘秉忠的智慧显示在他在大内建立了另一条中轴线，把大内的大明殿和延春阁，与宫前的千步廊延伸作为全城的轴线，成为全国的行政中心（图 15）。这条中轴线在明、清两朝被保留了下来，成为长达

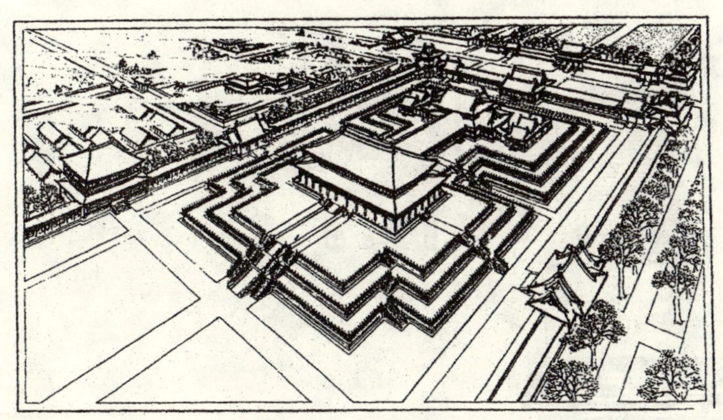

图16　元大都大内大明殿复原图（傅熹年先生作）

八百年的中国的政治中心线。

两条轴线，两个功能。这种做法只有在蒙古人统治下才能做到，明推翻元王朝后，都城就恢复了一条中轴线的做法。所以我们说，元大都的规划是汉蒙文化的综合，是“跨文化”的。

元大都大内的宫殿建筑，在明代被毁。傅熹年先生根据文献对它们作了深入的研究，并画出复原图（图16）。从复原图可见，大内的宫殿是“工字殿”的组合，每组工字殿都建造在巨大的工字形台基上：以主要的大明殿为例，它由前面重檐庑殿顶的主殿和后面重檐歇山顶的寝殿组成，二者之间有柱廊连接。宫院四边有周庑，四角设角楼，东南西北都有门，庭院内还植草，提示草原风貌。宫殿建筑内部较多地采用减柱和移柱等做法。建筑装饰比较平实，色彩图案秀丽绚烂，富有蒙古特色。现在我们已不可能知道它的确切形象了，但是从马可·波罗形容的上都来看，当时的宫殿中蒙古色彩是不会少的。[2]

给首都带来“跨文化”气息的还有它的宗教建筑。佛教（特别是藏传佛教成为元的国教）、道教、伊斯兰教的建筑几乎遍地开花，其中突出的有：

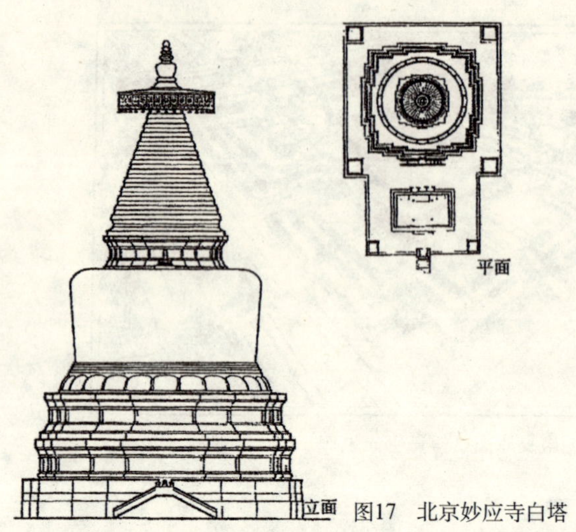

图17　北京妙应寺白塔

北京妙应寺白塔

妙应寺即白塔寺，位于北京阜成门内。它最初建于辽道宗寿昌二年(1096年)，后来毁于兵火。忽必烈敕令在其遗址上修建喇嘛塔，由尼泊尔人阿尼哥主持，于至元十六年（1279年）竣工。据文字介绍：白塔高50.9米，基座面积810平方米，由塔座、塔身、相轮、华盖和塔刹五部分组成。塔座分为3层，下层为护墙，平面成方形，中、上层均为折角须弥座式，大须弥座式基台之上为一巨型覆莲座，莲座外有五道环带形“金刚圈”，用以支托塔身。塔身为一巨大的覆钵，形如宝瓶，也叫塔肚，环绕七条铁箍，使塔身成为一个坚固的整体。塔身之上又是一层折角式须弥座，用以连接塔身与相轮。相轮下大上小，呈圆锥形，共13层，名为“十三天”。华盖之上的塔刹为一铜制小型喇嘛塔，高4.2米，重4吨，金光闪烁，耀眼醒目（图17）。

它的建筑师是阿尼哥(1244～1306年)，尼泊尔国人士，国人称八鲁布。幼年开始学习梵文和工艺技术，咏诵佛书，擅画塑、铸佛像、造佛塔。元中统元年（1260年），帝师八思巴奉敕建黄金塔于西藏吐蕃，由

图18 西藏山南桑耶寺白塔

阿尼哥率尼泊尔工匠80人两年建成，八思巴勉以入朝，祝发受密典，收为弟子。他入仕元朝40余年，共造塔三座、寺庙九座、祠祀两座、道观一座及大量雕像。他还培养出大量的建筑人才如刘艺等以及著名雕塑家刘元等。赠太师、开府仪同三司、凉国公、上柱国；受光禄大夫、大司徒、领将作院事。逝后，谥敏慧。葬于宛平县香山乡冈子原。

阿尼哥在来到大都前曾经在西藏修造过佛塔，名声远扬，才被诏来修造妙应寺白塔，当时忽必烈的意图就是要有藏传佛塔，但是在汉族集居地内地，这座佛塔又必然受汉文化的影响，因而成为汉藏蒙的跨文化产物。

显然，阿尼哥在妙应寺白塔的设计中，在很大程度上参考了西藏佛教前弘期（公元7世纪中叶至9世纪前叶）赤松得赞时期在印度来的莲花生大师的主持下在山南修造的桑耶寺。桑耶寺在主殿四角建四舍利塔（分别用红、白、绿、黑四色），代表四大天王，成为佛寺的重要组成部分（图18）。

阿尼哥在吸取桑耶寺等西藏佛塔经验的基础上，融入汉文化的因素，很鲜明的一点，就是妙应寺白塔中须弥座的应用。因此我们可以说，妙应寺白塔是藏汉文化的交融，是一个典型的、出色的跨文化建筑。

图 19　北京东岳庙工字殿鸟瞰图

其实在北京和全国各地，这种藏传佛塔甚多，突出的有北京北海琼岛上的永安寺白塔、大觉寺迦陵舍利塔、五台山显通寺白塔、沈阳护国法轮寺塔等，都各有其特色，而不是千篇一律的。

北京东岳庙[3]

北京东岳庙始见于元延佑六年（1319 年），是道教正一派大宗师张留孙（1248～1322年）有鉴于大都还没有一座供奉泰山东岳大帝的行宫，晚年自己集资买地兴建。他去世后，由嗣宗师吴全节继续其事业，至元泰定二年（1325 年）已建成大殿、大门、四子殿和东西庑及东岳大帝塑像。在建造中，仍取得皇族，特别是鲁国大长公主的资助。它始称仁圣堂，元天历元年（1328 年）改称昭德殿，明洪武三年（1371 年）改称东岳庙至今。它长期来是北京人举行节日庙会的场所，现在是北京民俗博物馆。我们在这里可以看到当时的“工字殿”的实物（图 19）。

元大都的另一特色是它的胡同。这是在唐长安的里坊制和北宋汴京的街巷制之后对中国城市中居住生活区规划的又一重大创造。据说，“胡同”一词，就来自蒙古话，与水井有密切关系。城市居住区划分为50个“坊”，采用了中国传统城市中的棋盘格局，由大街（24步、37.2米宽）、小街（12步、18.6米宽）、胡同（6步、9.3米宽）组成。两条胡同的间距为50步（约77米），恰好是一座大四合院或两座背靠背的小四合院的进深。这种格局，后来被明、清继承了下来，成为一种中国特色的居住模式。

可以想像，元大都从总体规划到宫殿建设、从宗教庙宇到胡同住宅，都带有浓厚的民族交融的特色。可惜的是，蒙汉间的民族矛盾压倒了文化交融的一面，致使这座本来可以显示民族交融和生态观念的东方城市，随着朝代的更替，又一次遭到破坏。据说，受朱元璋命令来破坏元蒙“龙脉”的官员，看到琼华岛和团城的美丽，实在下不了手，最后只以切断金水河交差，给我们多少留下了一些“遗产”。

参考文献

（1）林徽因.林徽因讲建筑.陕西师范大学出版社，2004

（2）乔匀等.中国古代建筑.新世界出版社，耶鲁大学出版社，2002

（3）东岳庙.《朝阳文化》系列丛书

图 20　上海里弄

图 21　欧洲城市中的联排住宅

5．上海的里弄建筑[1]

上海的里弄建筑是典型的“跨文化”产物（图 20）。

西方殖民主义势力进入中国，首先出现的是像外滩那样的欧洲新古典主义的银行大厦和租界中的花园洋房。以后，随着中国人因逃避战火迁入租界，促使了房地产业的发展，就产生了密集居住型的里弄建筑。

我以前一直认为上海的里弄是欧洲工业革命后大批农民进入城市后出现的联排型工人住宅（图 21）的“中国化”以及中国江南多进式天井院（图 22）的“现代化”二者的结合。但是，在我参观了晋中王家大院红门堡（图 23）以后，我惊奇地发现它的“王”字型巷道和模块式的四合院更接近于上海的里弄，而且可能是我很久以来想知道而不知道的唐长安的“坊”内的布局型式。[2]

据介绍，首先从事这种里弄建设的是一些外国开发商，后来，中国的开发商也参与进来。应当肯定，这些开发商从市场需要出发，很巧妙地组合了欧洲和中国在密集型居住模式方面的经验，逐步形成了一种独特的上海模式。在总体上，它更多地吸取了中国传统里坊的半封闭式棋盘

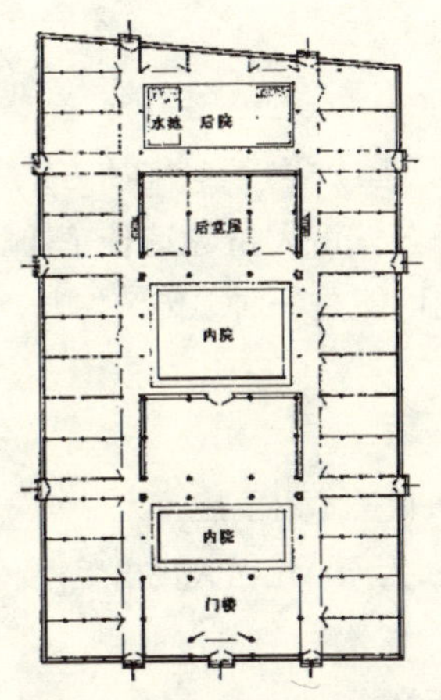

图22　浙江东阳多进式天井院

图23　晋中王家大院红门堡

型布局；在单体上，则更多地吸取了欧洲城市中联排工人住宅的经验，用2～3层的横向长条形的单元（最初的里弄中还可见到中国传统的四合院中的厢房，后来由于充分利用土地，就基本上演变为横向长条格式）。值得注意的事，根据市场的需要，里弄建筑有多种类型和等级，甚至一个弄堂中就有不同等级的房屋，处处体现或培育了一种“海派”尚实效的风格。

我自己出生在上海的石库门，成长在上海的弄堂里，体验过里弄生活。这是一个半封闭的世界，弄堂以围墙包围，出入经过一座门楼，有一个门警守卫，白天大铁门打开，晚上大门关闭，只开边上的小门。我家是一座“弄堂公馆”，类似的公馆还有几家，其他则是联排的3层住宅，也有不同的等级。即使如此，居户在弄堂里有某种归属感，邻里关系一般不错。每家有自己的天井或花园，有一定的私密性。这种半封闭式的生活方式，是中国的特色，可能在唐长安的“坊”中已经如此。我国台湾历史学家钱穆先生认为，与西方人重个性不同，中国人的一大特点是他们的和合性，这与他们集居型的居住模式大约是分不开的。

到20世纪后半叶，随着城市人口的不断增加，住房建设欠债甚多，不论北京的四合院，或上海的里弄，都变成一院（屋）多户， 生活方式和群体心理都发生了新的变化。但是，近年来许多城市大量建造住宅小区，而许多小区却都有一种自我封闭的趋势，也可能是一种“传统”吧。

参考文献

（1）罗小未，伍江主编.上海弄堂.上海：上海人民美术出版社

（2）候廷亮，张百仟主编，温暖执笔.王家大院.太原：山西人民出版社，2003

（3）洪铁成.东阳明清住宅.上海：同济大学出版社，2000

6．丹下健三的香川县厅舍

按照马国馨院士的说法：丹下健三于1955～1958年在日本香川县设计的厅舍，属于他创作的第一阶段，即“现代和传统调和的时期”，因而必然较多地体现一种“跨文化”的特色。以后，丹下在走向国际舞台时，他的作品就更多地体现出国际风格，但是也总是与当地地域特征取得某些联系，例如，他在意大利波罗尼亚设计的塔楼，就与当地传统塔楼有着某种呼应。

以下是马国馨对该作品的分析：

“香川县厅舍位于四国香川县的高松市，原有建设用地约1.8公顷，从1951年后陆续建设了2栋东办公楼，占去了大部分的用地，在丹下健三准备设计县厅舍时，建设用地还有4957平方米，当时县知事提出的要求是：要和香川县的风土环境相适应；要为以观光著称的香川县提供适应的厅舍；要成为为县民服务，能够体现民主宪政的场所；要和过去无规划建设的原建筑物相调和；要充分利用香川县的产品和材料。

县厅舍总建筑面积为12066.2平方米，总高43米，由办公室、县议会会议厅和大会议室等内容组成。建筑分为3层的低层部和8层的高层部：低层部沿街布置，是县厅的主要入口，一层部分完全架空，二、三层部分为县议会和大会议室。高层部为每面三开间的正方形，将楼梯、电梯、管道间和厕所等全部集中在中间形成核体。一层为对市民开放的大厅和展览厅，在中核的四壁上是由猪熊弦一郎创作的陶板壁画，以日本茶道的精神为主题，分别表现‘和、敬、清、寂’四个内容。二层以上都是办公室，办公室外挑出阳台和混凝土栏板。办公部分与原有建筑及会议厅之间都有方便的连系。屋顶为茶室及机房（图24）。

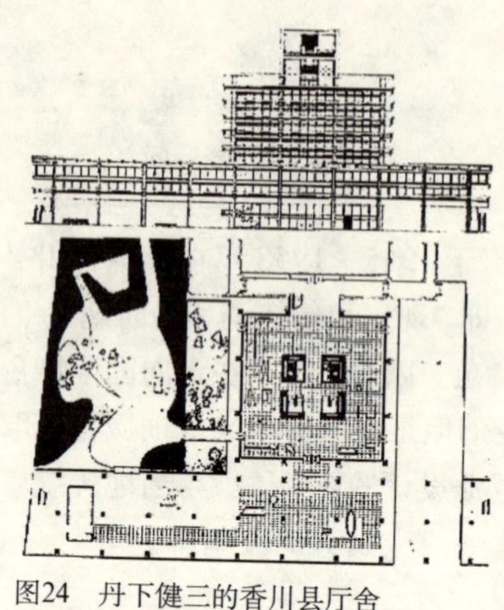

图24 丹下健三的香川县厅舍

在高层办公楼前面还有1300平方米的庭园，有水池、叠石、混凝土桥，铺装和堆山等。在设计中考虑这不仅是一个装饰建筑物的庭院，也不只是可供观赏的庭院，而是作为一个人们集会的场所，除平时休息之外，还可以举行集会、舞蹈音乐会、展览会和民间庆祝活动等。

县厅舍的外立面处理，尤其是高层部的处理在日本现代建筑史上获得很高评价。高层部处理得很像日本传统的五重塔，用水平的栏板和挑梁的组合形成了独具特色的外观。结构柱的挑梁处理成双梁形式，断面为30厘米×60厘米，挑出154.3厘米，每一开间中又由混凝土小梁分成5间，小梁断面为11.4厘米×60厘米。这种表现方式在此后一段时期内为许多日本建筑师所仿效。”[1]

丹下认为在这个作品中表现了他为超越日本弥生时代的传统、而表现绳文时代的传统所作的努力，是“丹下的代表作品之一”。

K·弗兰姆普敦在《现代建筑——一部批判的历史》中，对丹下和香川县厅舍的设计也作出了类似的评价，他说：

“香川县厅舍则通过将清晰的空间组织、取材于平安时期的多种构思手法和从国际风格中吸取的那些被人接受的词汇融为一体的创作途径，达到了一种几乎是古典主义的平衡感。这一作品，由于它的历史主义以及混入参考了佛教及神社的原型，确立丹下作为第二次世界大战之后出现于日本的主要人物的地位。尽管二人（指巴西的尼迈耶和日本的丹下）都植根于勒·柯布西耶的作品，然而，在20世纪50年代后期，再没有比尼迈耶在巴西利亚三权广场中所体现的简单化的古典主义与丹下在香川县厅舍中对于细部的超乎寻常的表述这两者之间在风格上的更为迥然不同的实例了。丹下敏锐地意识到日本工业的迅猛发展所释放的能量，以及它的传统在这种社会‘解放’力量面前所起的矛盾作用……”[2]

应当肯定，丹下后来的设计与他第一阶段的作品有很大的区别。然而，他在日本转型时期设计的作品至今仍然对我们可以起到巨大的启发作用。

参考文献

（1） 马国馨.丹下健三.北京：中国建筑工业出版社，1989

（2） 肯尼斯·弗兰姆普敦.现代建筑——一部批判的历史.张钦楠等译.北京：三联书店，2004

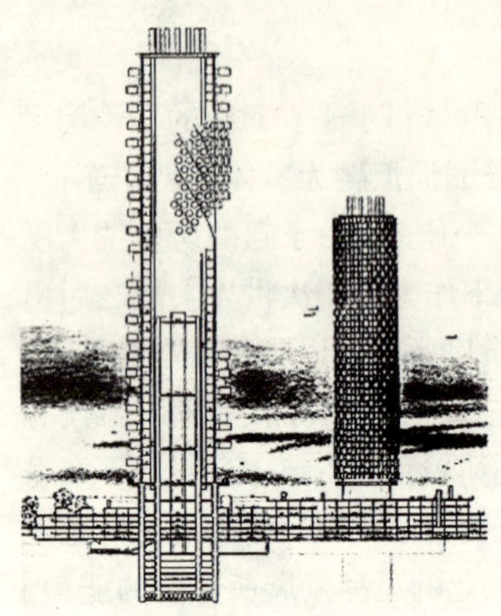

图 25　塔楼城市

7. 菊竹清训的江户－东京博物馆

菊竹清训（1928～）是20世纪50年代后期在日本兴起的“新陈代谢派”(Metabolists) 的创始人之一。他和桢文彦、黑川纪章等同属这个学派，但各自以自己的方式来表达其创作理念。他们可以说是在日本战后快速走向西方式的现代化的过程中，不愿意随波逐流，而提出与西方国际风格不同甚至对立的观点的代表。他们与西方“国际风格”相对立的基本点是后者把建筑视为“机器”，而他们则把建筑视为“生命”。

与英国的阿基格拉姆 (Archigram) 相似，菊竹的早期作品有强烈的想像力，但都带有乌托邦的性质。例如1958年的“塔楼城市（Tower-shaped City)，用一个300米高的圆筒结构，筒壁上可以插入许多弹壳型的居住单元，形成现代城市的组成单位（图25)。

同年菊竹还提出漂浮在水面上的圆环形结构，其外围也可插入各种居住单元。这种“海上城市”（Marine City或Floating City）可以在海洋中自由迁移，始终和大自然打成一片（图26)。菊竹把这些可以更换的模块式的居住单元视为和生命体中不断新陈代谢的细胞单元。他

图 26　海上城市

图 27　空中住宅

根据日本传统的木造建筑的特点，认为建筑师应当把“临时建筑”和“永久建筑”的特点组合在一起，进行“解体－组立”。[1]

菊竹最早在实践中体现它的创作理念的是1957年建在东京的自宅——空中住宅（或称“天宅”——Sky House）（图27）。这里是一个平面为10米见方的正方形，由四根壁柱支撑在空中，它构成夫妇的核心空间，其他如浴厕、厨房和子女房间则属于丛属空间，采用可以替换和移动的方式附属于主体结构。在这里，主体是恒久的，坚如磐石；附体是临时的、可变的、新陈代谢的。在构筑上，它采用钢筋混凝土，但是外窗是日本式的竖条窗，使人“感觉到古代建筑的残像，在该建筑中仍然留存着”。[2]

我们可以看到，对菊竹来说，不存在那种简单的形式叠合，他用“新陈代谢”的观念，消化了西方的现代主义。在他的“跨文化”创作中，“新陈代谢”是主导的。他的这种创作思想和手法，还见之于他的一些其他作品中，例如1964年鸟取县的东光园酒店等。

随着日本经济的发展和国际地位的提高，日本建筑已经跨出国界走入世界，“新陈代谢”说逐步淡化，日本建筑师的设计手法更为多样和灵活，但是菊竹的作品中始终保留了其“跨文化”的特点，特别表现在于

图 28　江户－东京博物馆

1992 年建成的江户－东京博物馆中（图 28）[3]。

江户是日本德川幕府统治时期的首府，在260年的封闭状态下建立了自己独特的封建文化。在美国“黑船”侵入而促使日本进行明治维新后，它在1867年改名为东京，向工业化、现代化演变。本博物馆展示江户时代的历史以及东京这个现代城市的原有基础。

菊竹认为这栋建筑应当成为东京的一个标志，首先应当恰当地确定它的体量。他研究比较了世界上一些标志建筑，最后确定取原江户城的标志建筑天守阁的高度作为本建筑的总高（图 29）。

建筑的外形要体现日本文化从封闭式的江户时期到开放式的东京时期的演变，因而是一个用现代技术建造的带传统色彩屋顶的巨型结构。7 层（加地下 1 层）建筑的上 4 层都容纳在巨型屋顶内，其中第五、六层是主展厅，由一座传统的“日本桥”在平面上把展览空间一分为二，分别是江户时期和东京时期的展示；底下二层和地下室是博物馆内的各功能部分，布置在由 4 根大型“支柱”托起的开敞空间中。整个设计简洁明了，主要靠体量和体型来提示其跨文化的性格。

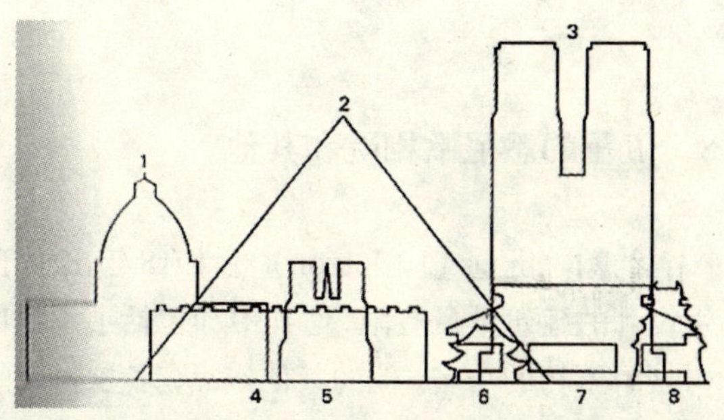

图 29

1．圣彼得大教堂；2．金字塔；3．新都厅舍；
4．蓬皮杜中心；5．巴黎圣母院；6．东大寺大佛殿；
7．江户－东京博物馆；8．江户城天守阁

参考文献

（1） 菊竹清训作品集 1，“型”的展开。日本，求龙堂，1990

（2） 关肇邺，吴耀东．20 世纪世界建筑精品集锦第九卷，东亚．中国建筑工业出版社，1999

（3） 同（1）

8. 伍重的悉尼歌剧院和其他

约翰·伍重（J. Utzon）于1918年出生于丹麦哥本哈根市。他一生设计的建筑数量有限，但其中却包括了举世闻名的悉尼歌剧院，为他树立了不朽的功名。他的其他作品，多数为一些住宅、饭店以及一些未实现的方案，另外就是哥本哈根附近的巴格斯瓦尔德教堂，虽然不如歌剧院之知名，但在建筑评论界却颇获好评，还有科威特的议会大厦，建成于1982年，没有引起很大反响。

新闻媒介往往把伍重描绘为一个幸运儿，靠着一时的灵感取胜。在悉尼歌剧院的几百个竞赛方案中，惟独他那一个在设计深度上未达到竞赛要求的方案却以其生动的形象打动了评委沙里宁而获胜。那时他才三十几岁，没有多少建筑经验，连自己构思的壳体该如何建造也心中无数，幸而有以新结构闻名的Ove Arup公司的协助，才在4年后发明了用一球面切割的标准块拼成形态各异的拱体，整个工程的建造费用超出了原估算的10倍左右。

然而，在K·弗兰姆普敦的《建构文化研究》[1]一书中，却提供了另一种全然不同的形象。据弗氏介绍，伍重是一个极其严肃、认真的探索者。他继承了丹麦造船业所建立的对构造学一丝不苟的求实态度，又发扬了欧洲的浪漫主义传统。极为可贵的是，他竭力摆脱盛行的欧洲中心论的偏见，先后访问了非洲(摩洛哥)、美洲(美国及中美的玛雅文化遗址)以及中国(购买了《营造法式》全书)、日本、印度、尼泊尔等国，悉心分析和吸取各地文化的精华，而融成一种“跨文化的形式”。值得一提的是：他在美国拜会了赖特与密斯，并居然从两个绝然不同的大师处学到了可以统一的教诲：赖特的自然有机性与密斯对材料及构造的严格性。在广泛考察及采访的基础上，他确立了自己的创作目标，即：探索“结构与构造中的文化意义”和“表现性结构的诗意潜力”。

我们可以引用伍重在1949年所写的《平台与高架：一个丹麦建筑

图 30　悉尼歌剧院外观形象

师的观念》中的一段话来说明[2]：

> “在日本的传统住宅中，地板是一种微妙的桥状平台，就像一张桌面。它是一件家具。地板对你的吸引力就像欧洲住宅中的墙。在欧洲住宅中，你总是希望靠墙而坐，而在日本，你却愿意坐在地上而不是走在地上。日本住宅中的全部生活就是表现在这种坐、卧和爬行的活动中，这与墨西哥那种磐石般的高台又不同，在这里，你的体验就像是站在一座小木桥上，它的尺寸大小恰好能承受你的体重而再无余力。对这种日本住宅中平台的修饰性附加物就是推拉门和屏风等物所提供的水平性强调以及地板边缘的黑色图案所强化的表面感。”

在伍重的思想中：墙、地板、门等都不仅是技术性的构造，而且被赋予文化的意义。由此可见他是受到德国桑珀观点的影响。

弗氏总结了伍重作品中所常用的三种跨文化的、类型学或构筑造学的对偶形式，即：⑴天井与地面（atrium/topos）；⑵折板与墙（folded slab / wall）；⑶宝塔与高台(pagoda / podium)。

需要指出：弗氏在这里所用的一些词语，已经是抽象化的（或原型化的）。例如，“宝塔”一词，虽然源出于中国的塔，实际上是“高耸物”之意。事实上，这里所述的三种形式，都可以用哲学的观念理解为“天地”的微观模拟，而被物化为某种构造形式。

在这里，重实的“地”与轻浮的“天”的结合。两组轻巧的壳群建造在大跨度坚实的高台上(有人认为是吸取了玛雅文化，也有人认为是吸取了中国文化)(图30)。除了这对结合之外，弗兰姆普敦还提到另一对结合，这就是：构筑形式的建造逻辑与几何学的句法逻辑的结合。此外，他还引述了澳大利亚建筑评论家菲利普·德鲁的看法，即认为伍重属于第三代现代建筑师（包括罗奇和斯特林），“他们用一种对环境的有机理解来取代第一代的理性主义基础”[3]，也就是伍重本人提出的“建造场地”的概念。他写道：

> “悉尼是暗色的。码头的颜色暗淡，房屋用红砖砌筑。没有白的颜色来接受阳光并使它眩目——不像地中海国家或南美及其他阳光灿烂的国家那样。在我设计歌剧院时，我脑中就有了白色。屋顶，像帆那样，在日中闪出白色。当太阳从东方升起逐步上升时，整个事物开始现出生命。在赤日炎炎下，它显得美丽、洁白、闪闪发光。在海港蓝绿色的水面，它达到了建筑艺术所能赋予人眼的活力。在夜间，投光灯下的薄壳以同样震荡的、但更柔和、更壮丽的方式（打动人心）……”[4]

在这里，文化、构筑、环境被巧妙地综合在一起，创造了一种既是“跨文化”的，又是“高技术”的，同时又有强有力的“场所感”的建筑精品。

在巴格斯瓦尔德教堂中，起伏的拱顶被支撑在用地下室构成的地坪上（图31）。与这种重而坚实的“地”相比，伍重设计的屋顶都是轻浮的，歌剧院是白帆状的拱体，教堂则是波浪形的壳顶，对他来说，它们都像中国的宝塔和欧洲哥特式的尖顶一样，与“天”的涵义联系在一起。弗氏特别指出：巴格斯瓦尔德教堂的壳顶是把东方的手法用在西方的宗教建筑中，打破了西方教堂建筑的惯例，具有深刻的文化内涵。这种同

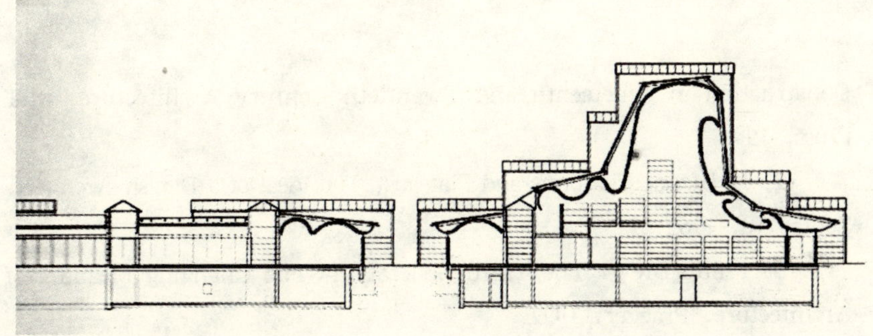
图31　巴格斯瓦德教堂剖面图

样的手法，也见之于科威特议会大厦和其他一些作品中。

与“天”、“地”相比，伍重建筑中的“墙”往往处于很次要的地位，在歌剧院中用的是大玻璃隔断，在巴格斯瓦德教堂中用的是混凝土薄膜式的板柱。这种手法也是东方的，与前面引述伍重关于欧洲人对墙的传统观念绝然相反。

弗氏所列举的伍重的“跨文化”形式的例子还远不止上述这些。例如：他提到中国大同云岗石窟对伍重在丹麦设计的一座地下博物馆的影响以及他在巴格斯瓦尔德教堂中采用中国传统的屋檐排水方式的做法等。总之，在他看来：“伍重始终一贯的理想是创造一种世界文化，它来源于，但又超越于地区性的构造传统，在一个新的综合水平上把它们重新组合，并赋之予新的生命力。”

（注：本节取自拙著《建筑设计方法学》，陕西科技出版社，1995，但作了较多补充。）

参考文献

（1）Kenneth Frampton．Studies in Tectonic Culture，The Poetics of

Construction in Nineteenth and Twentieth Century Architecture, MIT Press, 1996

(2) J. Utzon. Platforms and Plateaus: The Ideal of a Danish Architect. Zodiac 10, 1962

(3) Philip Drew, The Third Generation: The Changing Meaning of Architecture. Praeger, 1972

(4) Pat Wescott. The Sydney Opera House. Ure Smith, 1968

图32　外交部大楼外景

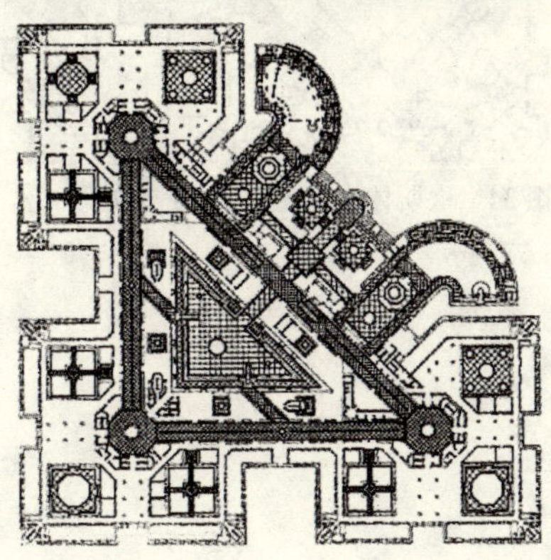

图33　外交部大楼平面

9．拉森的沙特外交部大楼

1979年由丹麦建筑师H·拉森(Larscn)设计的沙特阿拉伯外交部大厦，用的是崭新的科学技术，同时又大量地吸取了伊斯兰建筑的许多传统手法，并充分注意适应当地的干热气候条件，因而受到欢迎，并荣获阿卡汗优秀伊斯兰建筑奖，是“跨文化”建筑的成功一例（图32、图33）。

H·拉森的沙特外交部大楼，是一个外族人对伊斯兰传统的新阐释。在这里，建筑师根据工程的规模(1000名职员)选择了伊斯兰文化中的宝珠：泰姬陵为楷模（图34）。后者是把一个矩形平面分成若干个等块，再以斜交的轴线联结四个等块和中央的八角光井，每个光井顶部设一装饰性塔楼，体现了伊斯兰建筑通常的封闭性；外交部大楼运用了同一平面布局(去掉四等分中的一个角)，在光井顶上设置了现代的采光穹顶（图35）。整个建筑抛弃了“国际风格”的体积性，而是用适合当地气候的小窗洞的厚实墙。大楼内部基本上是光滑的墙面，以传统的花格窗(musrabiyya)及拱形门洞为点缀。这里，所有的

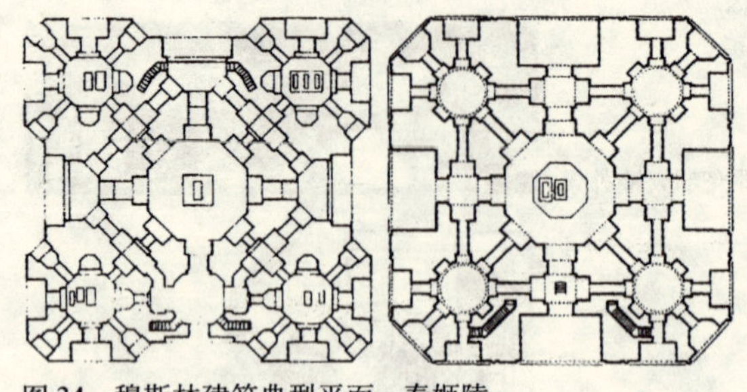

图 34　穆斯林建筑典型平面：泰姬陵

图 35　外交部大楼室内大厅

材料、设施、灯具都是现代的。但是，整个建筑从形态到气质则都是民族的。[1]

参考文献

(1) Udenrigsministeriet Riyadh Hovedbiblioteket I Gentofte. Arkitekter: Henning Larsens Tegnestue,7,1985

图 36　上海金茂大厦

10．SOM 的上海浦东金茂大厦

1996 年，我和刘开济先生去访问 SOM 芝加哥总部时，进门就看到上海金茂大厦的大型模型。我们和几位合伙人谈话时，可以体会到他们对这个项目所倾注的热情和投入。他们真诚地希望在中国设计一座具有中国特色的现代建筑，从而树立他们的威信。应当说，在改革开放的初期，当中国开始欢迎外国建筑师来参加重大工程的"设计投标"时，许多参与其事的外国建筑师大多数是兢兢业业的，但是，不知从何时开始，他们中的许多人变得玩世不恭，知道如何对中国人"可欺以其方"。即使是SOM 后来的设计，不论在造型和细部处理上，都比不上金茂的精美。

其实，金茂大厦的造型也没有多少神秘之处，它不过是试图塑造一个现代化的中国宝塔而已。然而，它屹立在黄浦江边，遥视对岸的外滩，这本身就含有丰富的象征意义。根据中国的传统，几乎每个县城都要在其边沿建一座（或双座）宝塔，以保障县城的安全。树立在外滩对岸的现代化"宝塔"的象征意义和美学价值，你爱怎么讲都可以。至少上海人对它是认同的（图 36）。

金茂的另一特点是它立面的精致处理，在国内（乃至在国际）可能都是少有的。

金茂的再一个特点是各专业的结合，建筑与结构、建筑与设备……据介绍，它的设备系统，比常规的要节能20%以上。在多数建筑不注意节能的情况下，这是难能可贵的。应当说，中国对国外建筑师的期望，就是带来一些先进的、有实效的技术。

当然，对金茂也有批评的。我的朋友，美国锡拉丘士大学的理查·英格索尔教授就对它持否定态度，他特别提出大堂一直开放到顶的危险（“一个银币掉下就可以打破一个头”）。我在后来参观时发现大堂顶上架设了网，可能是接受了他的意见。

二、"跨文化"的实质：寻求多元文化的"根"

"文明"与"文化"有过多种定义。笔者在这里使用这两词，其含义是：

"文明"：人类所创造的物质和精神财富的总和；

"文化"："文明"中对一个民族和地域的凝聚力起正面或负面作用的因素，像哲学和政治观念、宗教信仰、语言文字、艺术等，还有建筑。

当一个民族或地域与外界完全处于隔绝状态时，她所产生的文化必然是独特的，带有鲜明的民族和地域特色，形成一种本民族或地方的"地域主义"。

然而，世界很小，人们不可能与外界完全隔绝。当外来文化输入或侵入时，本土文化可以有两种态度，就如美国建筑师H·H·哈里斯所称，有一种"发展的（开放的）地域主义"，也有一种"限制的（保守的）地域主义"。在20世纪初，美国的建筑理论和实践，在很大程度上受巴黎美院传统的影响。当欧洲的现代主义进入时，有的地区（如东北的新英格兰）的态度就是抵制，另有的地区（如美国西海岸）的态度则是开放。作为一名西部的建筑师，哈里斯当然是赞同后一种态度的，他对前一种态度的批评是："先是抵制，后是投降"[1]。

这两种态度的结果是：开放的、发展的地域主义，由于能够吸取外来的文化影响，因而能产生多种"跨文化"的建筑。美国西海岸在欧洲移民辛德勒和诺依特拉的影响下，接受或部分接受了现代主义，涌现了像格林兄弟、梅贝克、摩根这样的富有地方色彩、又接受外来影响（不仅从西方国家，同时也从东方国家）的建筑师，这种传统延伸到今天，就有E·O·摩斯、摩斐西斯（Morphosis）、盖里等，后者现在红遍天下。

新英格兰本来也有自己的特色：有H·H·理查逊、麦金、米德、怀特等杰出的建筑师，但是新英格兰传统确实比较保守（霍桑的《红字》写的就是这个地区的故事），于是就发生了"先是抵制、后是投降"的结果，特别是在来自德国包豪斯的格罗皮乌斯主持哈佛大学的建筑系后，这里几乎变成了包豪斯的翻版。笔者在20世纪80年代遇到澳大利亚的H·赛德勒，他就坚持自己是格罗皮乌斯的忠实信徒，终身皈依现代主义。这些哈佛弟子足迹遍天下，几乎个个都是如此，其中最突出的可能是贝聿铭了。但是，平心而论，新英格兰仍然有自己的地域特色，现代主义在这里，由于气候和文化的影响，仍然发生了不同程度的“折射”。

因此，我们可以看到这样一幅画面：在一端，是封闭的地域主义，“跨文化”的成分等于零；在另一端，是“国际风格”旗帜下的投降派，在这里，“跨文化”的成分也等于零。在这两极之间，就是程度不同的“跨文化”建筑。事实上，在我看来，“零”度的两极是不存在的。

打一个可能不很恰切的比喻：“跨文化”建筑就好像一棵土生土长的树，在吸收外来的肥料后成长得更为繁茂。可是如果我们挖掉它的根，而用引进的“肥料桶”来代替它，会得到什么结果呢？事实上，近期我国很多城市出现的所谓“欧陆风格”，难道不就是外国的“肥料桶”吗？自己的“树”没有了，有的却是没有肥料的空“桶”。

20世纪末期，全球化的呼声响彻世界各个角落。在建筑领域，“国际风格”在高新技术的旗帜下卷土重来。在中国和世界的许多城市中，他们占了绝对优势，地域主义完全处于下风，比起当年的新英格兰，只有过之而无不及。

笔者是拥护全球化的，甚至遭到过一些发达国家学者的质疑，他们现在高举批判的旗帜，把全球化称为“新殖民主义”而否定，他们认为：美国发动的伊拉克战争即是一例。

笔者所以拥护全球化，一是因为信息技术的发展，打破了地域界限，缩短了地理距离，使生产力可以成倍地发展而资源消费可以成倍地减少。我听到过一位未来学家做的关于全球化的报告，他说，今后人们可以在纽约作出某种产品决策，在东京进行设计，在北京进行生产计划，在巴基斯坦进行生产，在巴黎进行销售，所有这些工作都是在白天进行的。

这一描述，虽然是以美日为中心的，但也未必必然如此，北京又何尚不能作出决策呢？二是有感于全球化可以达到世界资源的有效调配和应用，生产可以靠近资源，减少运输的浪费。因此，它是一种不可阻挡的必然趋势。

这种全球化的实现可以有两种途径。一是美国主张的以它为中心的单极主义，这就是我的那些学者朋友所反对的"新殖民主义"，对这种批评我是完全支持的；另一是世界各国处于平等地位的多元主义，实践将证明，第一条路是走不通的，第二条路虽然漫长，但却是必经之路。

全球化的经济要求多元化的政治和文化。单极主义的政治必然遭到失败，同样，单极主义的文化也必然走向枯竭。中国现在发生的"千城一面"，也可以说是一种单极主义。

在今日的现实世界，仍然存在着民族和地域之间的巨大差距和剧烈竞争，一个民族和地域需要振兴，在竞争中取得立足之地，就需要有强劲的文化凝聚力。这种凝聚力，不是排他性的，不是封闭性的，但是又是自主性的。那种投降于外来文化，鄙视本土文化传统，甚至热衷于拆毁自己的传统文化的民族和地域，是没有前途的。这种蔑视本土文化的思想意识，也不可能正确地吸取外来文化的精华和灵魂，只能摹仿到一些表面，就像是买了一桶肥料，把肥料丢掉，而把桶抱来作为宝贝一样。这种做法只能导致日益加深的自卑感，使我们的凝聚力涣散乃至消失。对一个有着优秀传统的民族和地域来说，要依靠抄袭、模仿甚至"盗版"为自己找出路是极其可悲的。

所以，全球化的经济在政治和文化上只能是多元化的，在建筑上必然是"跨文化"的。

其实，一个民族或地域的本土文化（包括建筑文化），都不是偶然发生的，它的出现、发展和演变具有深刻的理性根据，不是可以人为地随意取消或淘汰的。中外的历史证明，那些以"现代化、国际化"为名，任意毁灭本土文化传统的"勇士"们，最后都必然惩罚了自己。

当中国的许多城市热衷于邀请外国建筑师来做他们在本国都不敢随便做的高新技术的“试验”。他们的设计固然可以赢得一时的喝彩，却无法在中国扎根，这是因为它们的多数没有能够回答中国的真正需要，没有能够符合中国的实在国情，没有能够吸收中国的本土文化。

中国应当对外开放，吸取国外的先进技术和文化，但是我们引进的应当是我们为建设新文明所最需要的技术和文化，包括“可持续发展”的经验、环境保护的经验、节约能源和其他资源的经验、旧城保护和改造的经验、促进社会公正和保护弱势群众的经验等。只有这种普世性的理论和实践与中国的资源条件和文化传统有机地结合起来，才能使建筑真正地具有持久的生命力。

什么是中国的资源条件和文化传统呢？笔者的理解是：中国因为人口众多，所以属于一种建设资源（土地、资金、能源、材料、智力等）相对匮乏的国家；而我们祖先留下的最宝贵的传统正是以贫资源建设高文明。认真吸取国外的先进经验，同时又发扬我们自己的宝贵传统，这样产生的“跨文化”建筑不仅对中国有价值，而且对世界各国都有重要的意义。[2]

笔者相信，随着中国国民经济的发展和国际地位的提高，中国的建筑师迟早会走向世界。然而，他们带给世界的肯定不是靠模仿或抄袭西方建筑师，而是向世界各国介绍我们是如何在一个资源贫乏的国家建造高度发展的文明。

参考文献

（1）K·弗兰姆普敦．现代建筑——一部批判的历史．张钦楠等译．北京：三联书店，2004

（2）张钦楠．特色取胜．北京：中国机械工业出版社，2005

三、中国建筑师探索“跨文化”的途径几例

在本章中，笔者将举若干中国建筑师在“中西结合”创作“跨文化”建筑方面的例子。必须声明的是，这些例子只是中国众多建筑师创作中很小一部分，并且多数是在北京的建筑师。事实上，全国各地的建筑师都在“中西结合”方面作出了卓越的成绩。

1. 戴念慈的“折中主义”

有一次，我随戴老参观曼谷的故宫出来等车时，看到马路对面一座用泰国式大屋顶的政府办公楼。戴老说：“用方盒子加民族形式的屋顶，也不见得做不出好的建筑”。笔者也有同感。

戴老曾经说，“欧洲的现代建筑已经有100年的历史（我估计他指的是从伦敦玻璃宫开始），其中有过一段‘折中主义’的历史，这是难以避免的”。他认为，任何一个国家（或民族）都需要有那么一些人甘心投身于创造民族特色的建筑，即使有“折中主义”也未尝不可。他自己就愿意做这样的“铺路人”。

笔者对戴老的话开始是很不理解，后来逐步有所体会。当处于弱势的本土文化与强势的外来文化相撞击时，就会发生一个如何对待原有的本土文化的问题。这时，文化间的反应可以用化学的概念来理解。二者可以是一种混合物，例如空气中的氧和氮，也可以是一种化合物，例如水中的氢和氧。我们很难说空气与水，何者更为优越，只能看它们本身的质量如何，有没有污染等。所以，在文化交融的初级阶段出现的“方盒子加大屋顶”，也不一定都是低级产品，从某种角度说，他们往往是难以避免的，也不一定要刻意避免。中国有“混合物”的例子（例如陆谦受的中国银行，就屹立在上海外滩众多西方新古典主义建筑之间而无任何愧色），也有“化合物”的粒子（如上海的里弄建筑）。

图 37　北京中国美术馆

图 38　北京饭店西楼

戴老的中国美术馆，是我最欣赏的建筑之一，也是一个“混合物”的例子（图 37）。

戴老的创作生涯是一个不断探索的过程，从来不停留在一种形式。他的北京饭店西楼（图 38），在人民大会堂建造之前，是举行国宴的场所。笔者记得，它落成时，在建筑界确实引起过一些轰动。它既是西方古典风格的老楼的延伸（新老楼的屋檐和窗口处在同一水平线上），却又是中国当代风格的产物（加上了中国式的小亭子和门面）。在长安街上出现，它反映了历史的延续和革新。

20 世纪 80 年代中，中国建筑学会在福建泉州召开学术年会，我们邀请了法国建筑师 A · 格鲁姆巴（A．Grumbach）来介绍他在巴黎东北角旧城改造的经验。戴老对他的思路极为赞赏，在会议的总结发言中大力肯定了格鲁姆巴的“文脉”观念。事后，在《建筑学报》上出现了一些争论，有的学者担心强调“文脉”会导致新的“复古主义”，从而触发了一次对“文脉”一词含义的讨论。事实上，这个讨论一直延续到今天，包括在对国家大剧院的争论中。笔者在一份国内报纸上看到英国女建筑师扎哈 · 哈迪德回答人们的问题时说：“如果边上是一堆狗屎，你

图39　法兰克福手工艺博物馆（理查德·迈耶设计）：左：老馆；右：新馆

图40　阙里宾舍庭院

也和它协调？”（大意如此，非原话）。其实，“文脉性”并不主张和周边建筑完全保持一致，对比也可以显出文脉，例如笔者对巴黎蓬皮杜中心的理解就是它揭露了巴黎古城“外旧内新”的实质。

虽然发生在20多年前，戴老的北京饭店西楼可以说是文脉设计的一个典范。笔者在20世纪90年代访问法兰克福时，去参观了美国建筑师理查德·迈耶设计的手工艺博物馆的新馆（图39），惊奇地发现他的手法和戴老在北京饭店所用的非常相似：同样的屋檐和窗口的水平延伸，同样的街景立面上新旧体量的一致，向人们告示它们在历史上的延续性，但是新馆本身的设计则完完全全是迈耶的“白”派风格。

戴老设计的另一个里程碑是山东阙里宾舍（图40）。在这里，戴老更自觉地运用了他的“文脉”观念。戴老“在开始设计之前就确定了‘甘当（孔庙、孔府）配角’的指导思想，把创造协调的环境和文化气息作为设计追求的目标，使整个建筑既从属于古建筑群，又是现代新建筑”（张祖刚）[1]。笔者印象最深的是它的小尺度的院落，并且亲自听到香港建筑师学会木下会长对它的赞扬，称之为“大师手法”。

戴老晚期的设计有北京的天宁寺小区和法华寺小区，在这里，戴老开始贯彻自己对改革初级阶段中国城市中住宅设计的理念，可惜没有得到有关方面的支持。它的天宁寺综合楼试图纳入天宁寺宝塔的形象，后来甲方要对它进行大修改，被以张镈为首的首都艺术委员会否决了。

戴老去世已多年，笔者始终不能忘却他所说的甘当一个有民族特色的中国现代建筑的铺路人——即使被谴责为"折中主义"也不悔——的思想。他的主要作品现在仍屹立在北京等地，尽管有一些设计被富有"现代"观念的人们遗忘、否定或废弃了。应当说，戴老属于在吸收外来文化的同时坚持以本土文化为主的代表人物之一。

参考文献

（1） 关肇邺，吴耀东.20世纪世界建筑精品集锦.第九卷：东亚.北京：中国建筑工业出版社，1999

2．吴良镛的“广义建筑学”

笔者认为，吴良镛先生在引导中国建筑界走向世界所起的作用，可能相似于丹下健三在日本建筑界所起的影响。他的贡献既在理论，也在实践方面。

在理论方面，吴先生提出“广义建筑学”[1]。它的内涵十分丰富，笔者的粗浅领会，其中最突出的一条是强调建筑师的社会责任感。诚然，建筑师每个人都有自己的创作观点，但是，有一点是共同的——可以说是一种职业精神，或职业道德——这就是他（她）对社会的责任。在当今时代，社会责任感最突出地体现在“可持续发展”这一概念中。

吴先生以不折不挠的精神宣扬这一观念，特别是在他接受中国建筑学会的委托，为国际建筑师协会第20届世界建筑师大会（1999年在北京召开）筹备起草《北京宪章》（以下简称《宪章》）[2]及有关学术活动中得到了全面的反映。在《宪章》的起草过程中，他动员了全国八大建筑院校的专家学者们的智慧，让他们每家与一位国际知名理论家或建筑师分别准备一个专题的主题报告，这样就一面为《宪章》的撰写打下了基础，同时也把一批中国学者（特别是一些较年轻的学者）推上了国际舞台。此外，他还邀请了国外一些知名学者和建筑师到北京来共同讨论《宪章》的初稿。在讨论中，一位美国教授情不自禁地说：“吴教授，您是建筑师的良心！”。

《北京宪章》在“一致百虑、殊途同归”的总口号下提出了以下一些创作方向：

（1）从传统建筑学走向广义建筑学；

（2）走向建筑、地景、城市规划的融合；

（3）着眼于人居环境循环体系的建筑学；

（4）植根于文化土壤的多层次技术建构；

（5）建筑文化的和而不同；

(6) 讲求整体的环境艺术；

(7) 全社会的建筑学；

(8) 全方位的教育；

(9) 广义建筑学的方法论。

《北京宪章》在第20届建筑师大会上得到了全体与会者的认同，成为一项国际文件。在以后的历届建筑师大会中，中国建筑学会都要围绕它的主题举办相应的活动（展览、方案或论文竞赛、报告会等），使它们始终铭记在建筑师们的心中，特别受到发展中国家建筑师们的欢迎，因为它广义地指出了在全球化语境中各国建筑师为本国和世界建筑发展的途径。

吴先生在实践中贯彻和发展了他的理论观点，最突出的是在得到联合国人居奖的北京菊儿胡同的规划与设计中[3]。它提供了在北京这样的历史古城中，既要改善人民的居住条件，又要保护城市的传统风貌的一个有效途径，受到了国内外专家和人民群众的高度肯定，例外的是那些热衷于"成片推倒，大拆大建"的由狭隘经济利益驱动的开发商和政府官员（图41）。

不论是《北京宪章》或菊儿胡同，都具有"跨文化"的特征。它们既是中国的，也是国际的；既是现代的，也是传统的。菊儿胡同的改造，既继承了老北京四合院的传统，也吸收了近年来由于人口的集中使四合院演变为"大杂院"的现实，因此，它不是老舍笔下"四世同堂"的独门独户的庭院，而是现实的多户集居的院落，因而比简单的修复具有更大的生命力。它与印度C·柯里亚的"层级性庭院"、日本安藤忠雄的"住吉小屋"、丹麦 J·伍重的"金哥住宅区"、荷兰H·赫兹勃格的"迪亚贡住宅"等同属于20世纪小型住宅的经典。中国、北京应当以他为骄傲，并对它的未能推广而叹息。

图 41　北京菊儿胡同改造

参考文献

（1）吴良镛．广义建筑学．北京：清华大学出版社，1989

（2）窦以德主编．国际建筑师协会第20届世界建筑师大会纪念集．北京：中国建筑工业出版社，2000

（3）关肇邺、吴耀东编．20 世纪世界建筑精品集锦．第九卷：东亚．北京：中国建筑工业出版社，1999

3．关肇邺的“三个尊重”

关肇邺先生半个多世纪以来从事建筑教育工作，同时又做出若干为数虽不多、但给人印象深刻的设计作品。对笔者而言，感受最深的是他对“校园文化”精辟的理解和杰出的表现能力。他的作品从来不喜欢哗众取宠，然而，却以它们对“校园精神”的掌握和体现，给人以强劲的感染。

就像诺伯格－舒尔茨广被引用的“地方精灵”（genius loci）一词那样，每个校园都有自己的“精灵”，学生们自觉或不自觉地受到这种“精灵”的熏陶，形成了一种独特的“校格”。这种“校格”培育了他（她）的学风和团队精神，使他（她）们终身受益。这种“校格”在很大程度上是通过校园内的建筑传输的。

已经有近百年历史的清华大学最早是1911年利用“庚子赔款”在北京西北郊的清华园兴办的一所留美预备学校——清华学堂，辛亥革命后更名为清华学校，1928年改建成国立清华大学，抗战时内迁，胜利后回迁清华园原址复校。新中国成立后不断扩大，现已成为一所设有理、工、文、法、医、经济、管理和艺术等学科的综合性大学。

至今人们到清华大学的本部，可以看到各个年代建造的系馆和大楼，然而人们的注意力总是要回到它的核心区，也就是大学图书馆所在地。这里是校园文化的“根”，不论从历史和象征意义上和它的功能意义（学校的知识库总部）均是如此。这里的老馆是美国建筑师墨非和中国建筑师杨廷宝先后在1919和1931年设计的，被称为是中国近代建筑史中的名作（图42）。1991年建造的新馆，选择在老馆的西部，扩大了学校的核心区，既是功能（图书）的扩大，也是清华“校园精神”的发扬（图43）。

关先生在此提出了“三个尊重”的原则，即：“尊重历史、尊重环境、尊重先人的创作”[1]。他无意在此独树一帜，而是“使新馆和老馆结合在一起，成为清华大学中心建筑群中和谐和富有时代感的一员。新馆的面

图42　清华图书馆老馆

图43　清华图书馆新馆

积约为老馆的三倍。为了避免突出自己而置老馆于从属地位，首先把新馆高大的主体部分后移，而以低层部分布置在前方，同时把正门隐藏于半开敞的前院之内，以避免对老馆的压倒态势”（王伯扬）[2]。吴良镛先生对它的评价是：“这个方案的解决方式和所取得的效果是成功的，得到这样的结果很不容易……”笔者认为，它是20世纪后期中国建筑中的一项“跨文化”的杰作。

北京大学图书馆则是另一种情况。北大始建于1898年清代的京师大学堂，1912年改称国立北京大学。它最著名的建筑是北京沙滩的红楼，是当时的校部、图书馆和文科教室。陈独秀在这里创办《新青年》，蔡元培在这里提出了“兼容并包”的教学方针。而现在北大的校园是当初燕京大学（1919年成立）的延伸。著名的未名湖边上的建筑是美国建筑师墨非规划设计的，沿用了中国传统的大屋顶。后来的北京大学向东扩张，形成了一个新的中央区。应当说，燕京和沙滩红楼，都融化在北大传统之中。关先生设计的北大新图书馆是处于东大门入口内的标志建筑。在这里，他显然仍是遵循他的“三个尊重”的原则，在尽量采用先进技术的同时，使用了中国歇山式的大屋顶与未名湖的建筑群相呼应（图44）。这

图 44　北大新图书馆

是在北京市正在否定前一时期到处搬用民族形式屋顶的做法时的一个大胆手法，说明建筑师并不盲目地跟随潮流，而是从一个特定的"跨文化"的校园精神的实际和长远需要出发的深思熟虑的处理。

笔者相信，生活在清华和北大的学生们，可以每时每刻地受到这两个图书馆的熏陶，不仅在于它们图书的丰富、功能的多样、装备的精良、管理的高超，而且能够在这里自觉或不自觉地通过建筑蒙受特定的校园文化的影响，而产生一种作为清华人和北大人的自豪感。这里体现的校园文化，既是内在的、又是外向的，既是本校的、又是校际的，正是在这种校园文化的熏陶下，今天的学生在这里成为知识的接受者，而明天就成长为新文化的开拓者和传播者。

参考文献

(1)　关肇邺．关肇邺选集．北京：清华大学出版社，2002

(2)　关肇邺，吴耀东主编．20世纪世界建筑精品集锦．第九卷：东亚．北京：中国建筑工业出版社，1999

4. 王大闳的“现代中国建筑形式”

香港大学的龙炳颐、王维仁教授在讨论中国台湾的建筑发展时有一段话，摘录如下：[1]

“……从（19）50年代起。一批来自中国大陆的建筑师在他们探索‘现代中国建筑形式’中创造了一种建筑表达的形式。‘现代中国建筑形式’是由在本世纪早期受过传统知识教育的建筑师们发动的—项未完成的事业。王大闳在60年代和70年代创作了一些重要的作品，他或许是其中最杰出的一位，在他为台湾大学设计的学生中心和法律图书馆中，他在用现代材料和结构逻辑来表达传统中国建筑原理方面所作的努力，不但明显表现在吸取了诸如木棂格窗、隐壁墙和梁柱的具体节点等细节方面，也表现在台基、柱廊和屋顶三段式划分方面。在他的彩虹住宅（虹庐）和陈氏住宅中，他成功地采取一个小入口院落，使人在紧凳的城市背景中体验到中国四合院式的住宅。建成于1972年的国父纪念馆，将中国宫殿式建筑的大屋顶稍加变化而表现了中国的精神，它或许是王大闳作品中最富表现力也是最宏大的设计……”

王大闳先生1916年出生于北京，成长于上海及苏州。在父亲王宠惠的栽培下，13岁入瑞士夏德美中学，1936年入英国剑桥大学主修机械，后专攻建筑。1941年入美国哈佛大学建筑研究所攻读。1948年定居台北，1952年在台北开设大洪建筑师事务所，完成多项知名建筑物的设计，其中最享盛誉的是台北的“国父纪念馆”。[2]他在台湾被称为“元老建筑师”的一辈，他们把创作“现代中国建筑形式”当作己任。在这方面的较早期作品有1963年建成的台湾大学法学院图书馆和1965年的虹庐；后期的有1971年的松山机场扩建及1972年的国父纪念馆。

台湾大学法学院图书馆（图45）位于旧校区内，周围均是日本占领

图45　台湾法学院图书馆

时期建造的仿欧式文艺复兴式建筑，图书馆既考虑在尺度体量上与周边建筑协调，但在建筑风格上则要表现中国的气质，它采用王先生喜爱的正方形平面，在立面上显示中国传统的台基——柱廊——屋顶三段划分，却又不完全搬用传统，而是用是“水平一线天”的深檐重影、红墙白柱和花砖遮阳等“简化的传统建筑形象”[3]。

虹庐是一栋大街边上的4层公寓，每层一户，公共楼梯自成小天井，成为对外封闭的住宅的入口，给人以北京四合院的某种感觉，“这是一个意图使集居式生活方式之公共领域有一较可亲面貌的创作”[4] 但是，它的日照条件，可能是大陆公众难以接受的（图46）。

国父纪念馆的“风格呈现中国宫殿式，给人以特殊的庄严及神韵感。馆高30.4米，四周各长100米，建筑面积3.25万平方米，它包括一座容纳三千人的大会堂、藏书十四万册的图书馆、中山画廊、励学室、演讲堂等设施（图47）。有资料介绍，王大闳之所以有如此大的手笔及水墨意境的细部设计，与他求学哈佛大学不无关系。但从他的作品中看不出他在作西方建筑甚至符号的简单移植，而是在努力去追求一种东西方的融合”。[5]

王维仁教授对本项目的评介是：“国父纪念馆是1950年代以来台湾

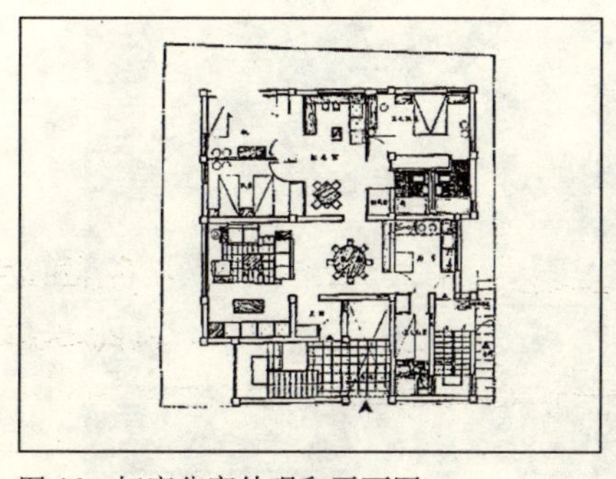

图 46　虹庐公寓外观和平面图

地区探求‘现代中国建筑形式’中最有名的实例之一。这座对称的四方形建筑由庄严的柱廊所环绕。这一平面布局为建筑的主要表现部位——巨大的、黄色琉璃瓦盖的、曲线柔和的大屋顶提供了设计基础和结构模式。在南向主入口上方弯曲上翘的屋顶形成了整个建筑造型的精华，它突破了中国皇室建筑风格的法则。

由屋顶、柱子、基座构成的三段划分立面的比例经过精心设计，唤起人们对唐代庙宇的视觉联想（笔者注：设计师有意避免用清式屋顶，因为孙中山先生是推翻满清王朝的革命领袖）。四周的柱廊不仅在巨大的屋顶下形成了深幽的阴影，而且也为进入大厅的人们提供了过渡空间。将现代材料用于古典的建筑细部，如柱梁结构节点、木格窗和竹节形扶手等都使建筑具有了另一种传统中国性质的尺度。”[6]

笔者认为，这个纪念馆的设计使用了许多“隐”形的象征手法，例如：正方形平面（尽管它使前厅显得较为狭窄）象征了孙中山先生的正直品格；大屋顶的局部翘起，更是值得玩味。它可能象征着孙中山先生敢于大胆打破中国的旧王朝体制，建立共和国的伟大创举，在建筑上，这种既继承传统，又打破其固有格局，也是一种继承、发扬中山先生革

图 47　台北国父纪念馆

命精神的表现手法。以上这些，都是值得大书特书的。

笔者在此还要特别提及大洪建筑师事务所和沈祖海、陈其宽建筑师事务所联合设计的台北松山机场扩建工程（图 48），它现在已被 1970 年代末的桃园机场所替代，然而，由这几位“元老建筑师“所留下的作品却以极其简洁的手法体现了中与西、新与旧的“跨文化”的结合，雄辩地证明一些功能性极强的建筑也可以有鲜明的民族特色。以下一段文字较恰切地对它作了评介：“设计上以明确的一道通廊横展开来，高耸成排的柱列支撑着简化并缩小的曲面屋顶。梁头微突，每二柱间交替置一似庑殿顶的四落水曲面的雨庇，解决国际机场大量上下旅客的需要，从而构成一幅柱、梁、雨庇等相同元素一再重复而律动的透视盛况，造就了难得一见的线性极强的空间；而廊的两端更超出了建筑物的本体，其添加的意味更强，线性的概念更赖以贯彻。廊内外墙上比例修长的格子窗棂，则为王大闳式的‘中国现代铝窗’，与稍晚的国父纪念馆（1972 年）类似。建材上的二丁挂红钢砖、斩假石及屋面方块琉璃面砖，也是国父纪念馆的基本用料，谱成一种朴实而略带庄严的建筑美学。惟一可议之处则似在各独立雨庇的力传递状况在视觉上颇不明朗。”[7]

图48　台北松山机场扩建

参考文献

（1）关肇邺，吴耀东主编．20世纪世界建筑精品集锦．第九卷：东亚．中国建筑工业出版社，1999

（2）中新社专访台著名建筑师王大闳，http://www.cnarts.net ，2004．12．5

（3）王里甫，李乾朗，郭肇立（策划撰稿）．台北建筑．台北市建筑师公会出版，1985

（4）同（3）

（5）金磊．台北建筑一瞥．人民日报海外版，2003-7-15

（6）同（1）

（7）同（3）

5．李祖原的“微型具象放大”

以下是香港大学龙炳颐、王维仁教授对台湾1980～1990年代的建筑创作趋势的分析：

“在（19）80年代和90年代期间，当台湾的经济增大达到了一个新高峰时，全球资本主义和文化产物商品化的冲击渗透到建筑业中，超过了对民族个性的关注。美国式后现代主义的大量输入，不协调地与传统中国部件的拼凑物混合在一起，其结果是M·格雷夫斯(Michael Graves)的符号方法的东方式摹本和仿制品开始出现在台北的城市景观中。这种矛盾的文化依赖性背离了一个国家——中国所遵从的意识形态，而这个国家曾一直为她悠久而光辉的文化传统而自豪。在这种背景下，由李祖原设计的有影响并有魅力的宏国大厦显示出变形的中国建筑主题的大胆表现，这是仍然投身于现代中国性格的探索中的少数例子中的一个，并且得到了开发商的支持。李祖原的其他一些项目运用了类似的方法，包括成功大学的航空太空学系教师公寓和台湾清华大学的物理馆。李祖原的另一个著名作品是1986年的大安国宅，它采用了台湾传统建筑的屋顶形状，并将之加在高层住宅建筑群的顶上。在建筑物上贴上传统部件符号的做法从此被其他建筑师竞相仿效。而流行于房地产市场，导致了大量建筑都似欧式又似中式，既似古典又似乡土”[1]。

这段话较好地剖析了20世纪后期台湾的经济文化背景(同样也是中国大陆世纪末和新世纪初的社会背景)，它显然不同于世纪中王大闳等“元老建筑师”的时代。它的特点可以说是一种“消费者主义”(consumerism)，把一切都归属于商品化，讲求瞬时效应：时尚、刺激、广告、投机、快速折旧、高额利润等。这种商品化从商业侵入各个领域，包括住房和文化、教育、医药等。在这种消费者主义社会倾向中，开发商主导了建筑市场，建筑师失去了自主权。对此，可以有集中反应，一是“投降”和迎合这种需要（例如跟着开发商贩卖“欧陆”风格等）；二

图49　台北宏国大厦

是让出商业领域，坚守文化阵地；三是试图从开发商手中夺回建筑设计（包括商业建筑）的主导权。据笔者理解，"李祖原现象"就属于这第三种反应，他的设计确实受到了开发商的欢迎，对此有不同的评价。

李祖原惯用的手法就是把中国传统文化中的某些文物"放大"为建筑总体或局部形象，也就是说："具象设计，微型放大"。这种手法从台湾到大陆都引起不少争论，但是，但是笔者认为，他坚持中国特色的新建筑，或者用他的话说："用世界语言说文化中国"，这是应当肯定的，说他与美国的M·格雷夫斯相似，也不为过。

李祖原这种手法的一个较早期的例子是台北的宏国大厦（1986~1990年）。王维仁教授对它的评介是："这座富有魅力的办公大厦是李祖原先生追求'现代中国建筑'的一个里程碑，设计采用以中央电梯为核心的办公大厦的典型平面，而其设计的主要着力处在立面的处理上，建筑体形的底部略似中国祭典用的烛台，逐步收分向上达到顶部而支撑其屋顶。屋顶部分的凸出的装饰构件产生了深刻阴影，在前立面中部凹进去的空间前，插入了很大的结构装饰件，使建筑产生了视觉上的艺术效果（图49）。这一设计利用现代办公楼的材料，如金属板材、花岗石面

图50　沈阳方圆大厦

料和彩色玻璃等，大胆夸张地显示出变形的中国建筑的主题和木结构节点。这一成功而有争议的项目引起了公众的注意，并在台北后现代风格的城市背景中创造了一个中国纪念碑的迷人形象。”[2]

李祖原在中国大陆设计的项目中，特别引起争议的是沈阳的方圆大厦，这是一座综合性的商业楼，25层高，总建筑面积4.8万平方米。它的立面形象就是一个圆形的钱币，所以被人们称为“金钱大厦”。然而，他被评为沈阳“40佳夜景”之一。[3]

李祖原事业的一个高峰显然是2003年落成的台北101大楼——当今世界的“第一高楼”（508米）（图51）。在纽约9·11事件之后，当西方世界正为恐怖袭击惶惶不安之际，可能只有亚洲还有意建造摩天高楼。88层高的大楼，其86层至88层是观景餐厅，85层是政商名流的商务俱乐部，84层以下到6层是办公，5层至B1层是时尚与美食购物中心，B2至B5是地下停车场。位于裙楼部分的购物中心，总面积7万多平方米，共容纳160多家商店，其中有多家世界服饰知名品牌的旗舰店。这栋大厦采用了国际上最先进的技术，包括39秒钟就可到达89层观光的世界最快电梯、重660吨的风阻尼器、能抗击时速250公里的大风和地震的

图51　台北101大厦

结构体系、防眩光与高阻热玻璃幕墙等。

对它的立面形象，人们各有自己的阐释：有的说它“像是向上生长蔓延攀高的竹子，每8层为一单位，寄寓8为“发”的好兆头意涵，以向上伸展，节节高升预约福旺。此外还在26楼外表增添了古铜币的如意造型”；也有的说它“像一个巨大的四楞九节金刚杵，在内收和外张的融合设计下，宛如古代宝塔”；有人说是“源自“鼎”字形，建筑主体逐级进退的分段量体，隐含有某些古代佛塔的况味”；也有人说他取材于西藏密宗的法器等。这些取自民间商界的吉利符号，显然迎合了许多市民的趣味。但也有人批评说：“这是台湾版本的后现代建筑……（它）顾不得建筑的社会意义在象征表现上的粗俗忌讳，硬生生地将金融资本的抽象意志，以巨大货币图像的五彩铜钱直接嵌入楼身，且还腰缠满挂，这种直接的呈现彰显了追逐资本的巨大渴望”。[4]

参考文献

（1） 关肇邺，吴耀东主编．20世纪世界建筑精品集锦．第九卷：东亚．北京：中国建筑工业出版社，1999

(2) 同 (1)

(3) 李祖原在沈阳的“金钱大楼”,《世界商业评论》, 2004-6-17

(4) TAIPEI101 国际金融大楼, www.yipu.com.cn, 2004-8-11

6. 钟华楠的“港陆结合”与何弢的“亚洲个性”

在回归之前，由于客观原因，香港建筑是面向世界的，基本上属于西方体系，但也有自己的特色，特别是在二战以后，由于外来人口的剧增而发展的郊区化、密集化、塔楼化的住宅区，形成了香港独特的“石林建筑文化”。

在西方（特别是英国）影响占主导地位的建筑环境中，有两位建筑师是相当特殊的。一位是笔者的“楠兄”——钟华楠先生（他的大名中有三分之一与笔者相同，加上又都属羊，故惯以“楠”兄“楠”弟相称），另一位是何弢先生。

笔者的“楠”兄虽然受的是英国的教育，但是对中国的建筑历史和传统，却有深刻的理解，甚至超过许多中国大陆的建筑师，可以说是一名“跨文化”的学者建筑师。他的著作和作品甚丰，观点也很精彩。在这里，笔者只引用他1989年在《亭的继承》一书中的一句话：

> “香港在1997年回归中国是历史的必然性：香港的‘技’、‘术’、‘量’、‘物’、与大陆的‘科’、‘艺’、‘质’、‘神’结合，定能对建筑设计的回归起催生的作用。”

这句话，是“楠”兄多年理论和实践探讨的核心体会，其中每个字都有丰富的内涵，很值得我们在研究中国实现“跨文化”建筑创作中深刻思考。

何弢先生出生于上海，后移居香港，从香港去美国留学，曾就学于现代建筑宗师、包豪斯的创办人W·格罗皮乌斯。回香港后，曾一度被皈依英国体系的香港建筑界所排斥，成为“另类建筑师”。然而，他的设计——特别是1973～1977年设计和建造的香港艺术中心——却为他和香港建筑赢得了国际声誉（图52、图53）。

龙炳颐教授对它的评介是：

“何弢的获奖作品香港艺术中心显示了在造型方面的很高修养。这个

图52　香港艺术中心

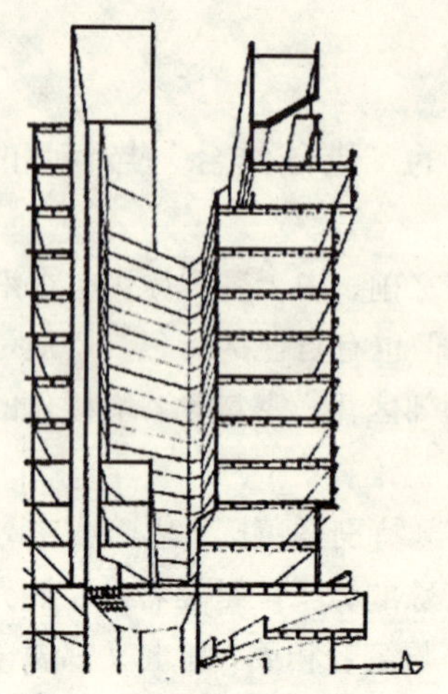
图53　香港艺术中心

中心建在湾仔海滨区新填平的一小块只有930m²的土地上。它的功能包括一个200座的音乐厅，一个100座的演奏剧场，两个排练室，一个463座的剧场、一个展览画廊、餐厅、演奏练习室和办公室，都是竖向建筑的，但又互相连接而形成一个有趣的迷宫式的空间。L形的服务中心像一双手一样折叠起，把主体空间围在其中。内部隔断墙依照结构确定的三角形格网设置。在这一项目中，何弢这位与其他亚洲建筑师如桢文彦和素密差猜（Sumit Jumsai）一起组建亚洲建筑师协会(APAC)的成员，试图寻求一种亚洲地区建筑的个性。”[2]

笔者曾经访问过这个中心，第一个印象是它（面积）的“小”，第二个印象是它（功能）的“多”。它确实像龙炳颐教授所称的是一个“有趣的迷宫似的空间”。在某种程度上，它可以说是香港的一个缩影、“石林文化”的精致版，它体现了组成多色彩的“亚洲个性”的“香港个性”。

改革开放以来，内地有些开发商频频邀请何弢先生承担规划设计，他的足迹也遍见上海、大连、武汉等地，多半是做住宅小区，有的做总体规划，有的做形象设计，也有的做全部设计。有意思的是人们要求于何先生的，往往不是楠兄所说的“技”“术”“量”“物”；却反而是要“舶来”的“艺”和“神”，但是其结果却还是“跨文化”的。

参考文献

（1） 钟华楠．亭的继承．香港：商务印书馆，1989

（2） 关肇邺，吴耀东主编．20世纪世界建筑精品集锦．第九卷：东亚．北京：中国建筑工业出版社，1999

7. 马国馨的奥运精神

人们往往以为奥运精神主要是指体育运动员应具的一种品质，这是一种狭窄的认识。其实，奥运精神的内涵非常广阔，它既包含为取得胜利的一种顽强的拼搏精神，也包含竞技人员之间的友好互助和相互学习切磋的关系。用奥林匹克运动的先驱顾拜旦的话说："奥林匹克主义的基础是推崇奋斗、蔑视危险、热爱祖国、慷慨、骑士精神、熟识艺术与文学，是维护和平强有力的因素，强壮的身体文化，一种高尚纯洁、耐力和体力的学派"[1]。它是一种国际文化，适用于各个领域。

马国馨属于在文革开始前毕业于最高学府清华，经历了文化遭到空前摧残时期的一代，因而对奥运精神以及文化的社会作用领会最深。他是最早提出"建筑文化"这一概念的一位中国建筑师，完整的提法是"现代中国建筑文化"。他主张："建筑师要具备哲学和历史的修养，要有经验的积淀，因为建筑是文化的一部分，中国建筑师要设计出代表中国先进文化的建筑作品。"[2] 他本人虽然经历了"文化大革命"，但始终以维特鲁威对建筑师的文化知识要求自勉，博览群书，知识面极广，绘画、摄影、音乐、篆刻……无不精通，加上谦和诚恳的待人接物的态度（笔者曾经向他请教过若干次中国武侠小说的有关问题，他不仅对答如流，还附加告知在北京可以买到便宜书的地方），给人以文人建筑师的印象。他既有在国内大师们指导下工作的经验，又就学于国际大师丹下健三的门下，因此在文革以后，很自然地接过了中国现代建筑创作的接力棒，成为新一代建筑师主力军的一名主要成员。

马国馨的创作路子甚广，从"民族形式"到"国际风格"均有，从不拘泥于某种独特的表现手法，其中最为人知晓的可能是具有"跨文化"性格的北京国家奥林匹克体育中心（1989年）。

北京国家奥林匹克体育中心（图54）是为举办第11届亚洲奥林匹克运动会所建。它是中国为举办世界奥林匹克运动会的一个"热身"运

图 54　北京国家奥林匹克体育中心

动。它向世界显示中国有能力举办世界奥运会的证据。在这个基础上，他主持了申奥体育场馆规划设计方案。

张祖刚先生对该项目规划设计的评介是：

> “体育中心的规划设计，吸取了古都北京的严谨的布局，规整的中轴线，以及故宫、天坛等建筑群的总体布局手法，用环形的道路和自由的建筑配置，形成了具有传统特色的群体组合方式。该中心的各个建筑有机地组合成建筑组群，在严谨的布局中富于变化，又在多样的变化中保持协调统一。综合体育馆和游泳馆采用双坡曲线金属屋面以及塔筒和斜拉索，表现了体育建筑力和技巧的特性，是传统建筑风格和现代技术的结合。”[3]

对两个主要建筑的单体，评论指出：“在建筑物的细部处理上，马国馨和设计组的同事们则更多地将传统构件通过变形、隐喻加以使用，使人联想到中国建筑的常见特征。如各馆檐口下露明的网架节点上杆件形成的三角形外轮廓，让人联想起斗栱；高耸的塔筒外侧向内收分以及它与斜拉索、与屋脊形成的起伏轮廓，酷似中国木结构建筑的侧角与屋脊的起翘；檐口和屋脊的大红色金属构件让人联想到传统建筑的某些色彩；建筑的平台和多层台基，使人想到传统建筑的常用做法等。”[4]

参考文献

（1）马国馨．奥林建筑大手笔．科技日报

（2）马国馨．创造先进的中国现代建筑文化．新华社，2002 4 27

（3）关肇邺，吴耀东主编．20世纪世界建筑精品集锦．第九卷：东亚．北京：中国建筑工业出版社，1999

（4）同（1）

8. 程泰宁的“三个合一”

程泰宁是一位勤于学习、又善于思考的学者型建筑师。他的创作观念随着实践而发展。最初，他把自己的创作观归纳为“三个立足”：“立足此时，立足此地，立足自己”。然后，在多年实践的基础上，他又总结了“三个合一”：“天人合一”、“理象合一”、“情景合一”的体念。这标志着他的创作观已经提升到哲学的高度，形成了自己的创作理论体系。这种理论体系是建立在他对中西文化进行深刻比较以及对西方文化进行批判分析的基础上而取得的，只有在这种文化比较和批判分析的基础上，才能使“跨文化”的设计具有哲理的深度，才能真正做到“立足自己”，而不是简单的形体叠合。

“三个合一”概括了他的建筑观以及创作思维方法学。“天人合一”是这个理论体系的基础，这就是一种与自然和谐的、“自然邮寄、宏观整体”的建筑观——自然建筑观，它主张实现建筑、城市、大地景观的整体化，而反对西方文化中那种“重个体、重主观意志、重宗教神定”的观念。我们在随后要评介的浙江美术馆的设计中可以看到这种整体的自然建筑观的体现。

在这种建筑观的基础上提出的“理象合一”和“情景合一”则表达了一种创作思维方法学。“理象合一”指的是理性的逻辑思维与非理性的形象思维的结合，着重反对西方建筑创作中出现的那种“非理性”的浪潮；而“情景合一、形神兼备”则是在对西方传统中的形式论（在这里，程泰宁对西方哲学和美学中对“形式”的阐释有着深刻的理解，而不是简单地视之为外貌）加以理性吸收的同时，又把“形式美提升为意境美”，实现了“跨文化”的美学创作观念。

笔者的粗浅理解是：以“天人合一”为基础、以“理象合一”为途径、以“情景合一（形神兼备）”为目标，构成了程泰宁的创作观，它以自然为出发点，以自己的人工创造物回归自然、融于自然，实现了建筑

图55　杭州联合国国际小水电中心

图56　浙江美术馆

环境螺旋型的良性循环。[1]

笔者与程泰宁私交甚密，但是对他的作品，特别是近年来的新作品，实地访问的很少。对笔者印象最深的是他在1996～1997年设计（“三个立足”时期）的联合国国际小水电中心中的圆形水庭（图55）。它的出现对我来说是完全突然的，却带有震撼性，感受到在一栋现代化的功能建筑中，也照样可以创造出中国式的意境美。这是一种跨文化的美学，完全不需要用假山的垒叠或“曲径通幽”式的廊道，就可以恰如其分地给人以自然的美感，因为它就处在西湖的边沿，完全不需要用“浓妆”，而可以以“淡抹”表现，这大约就是对“立足此时，立足此地”的一种实例注释吧。[2]

如果说，联合国国际小水电中心的庭院典型地表达了程泰宁的“三个立足”的话，那么，最近的浙江美术馆则对他的“三个合一”作了鲜明的阐释（图56）。

这是一座位于“天人合一”的西子湖畔的人造物，它的水平展开形既符合美术展览的功能需要，又在自然风光中自居从属地位，以区别于西方某些建筑师热衷于建立自己的“签名”纪念碑的恶习。它是现代的，却又是传统的。规整的（理性的）、浅色的、水平展开的主体，与不规则的（非理性的）、深色的、微微凸起的顶窗，就像西湖远处的山脉，组成了一幅水墨画似的“意象合一”的图景。建筑师在这里试图创造一个“似与不似”的非确定性的“情景合一”的意境，表达自己对熔铸西湖精神（灵魂）的浙江美术的钟情，并在建筑形象中捕捉这一精神（灵魂）。[3]

参考文献

（1）程泰宁．中西文化比较与建筑创作(待出)

（2）程泰宁．程泰宁作品选 1997—2000．北京：中国建筑工业出版社，2001

（3） 程泰宁．程泰宁作品选 2001—2004．北京：中国建筑工业出版社，2005

9. 布正伟的"自在生成"

布正伟属于"文革"后崛起的一代建筑师，他们一方面对建筑前辈有谦逊的尊重，同时又热烈期望能摆脱各种僵硬的"风格"与流派的约束，而得到一种较为宽松的创作环境。笔者体会，这是他的"自在生成论"的基本出发点，得到了同代与更年轻一代的建筑师们的共鸣，也得到一部分老一代的建筑师的赞许。

笔者曾收到《新建筑》杂志邀请对《自在生成论》一书给予评论，并征求对其英文译名的意见。后一要求给笔者带来一定的困难，因为，在英文中，不容易找到与作者意图相吻合的词，最后不得不在"自由"(free) 和"自然"(natural) 二者中挑选。笔者所以选择前者，因为它意含着作者的主观能动性，而后者则没有。

布正伟的自在生成论是一个比较全面的理论体系。为了构筑这个体系，他研究了大量国外建筑师（主要是近现代的）的创作实践经验。他的理论构架包括本体论（理性与情感）、艺术论（空间与环境）、文化论（内涵与外显）和方法论（随机与随意）与归宿论（跨越与修炼）五个部分，最后归结为"走向世界的东方之道"，鲜明地反对"欧美中心论"，而总结为：

"学习传统，但不是'传统本位论'；借鉴欧美，但又不是'欧美中心论'；回归东方，但不是回落到过去的东方；走向世界，但又不是走向远离中国的世界……"这些发表于十多年的观点，到今天仍然有其生命力。[1]

应当肯定，在20世纪70年代，中国的建筑创作领域中还存在不少理论和政策上的"框框"，某些城市还在"旧城新貌"的口号下，执行着"拆真古董，造假古董"的政策。在这种环境下，构筑和提出"自在生成论"的主张，是需要有一定的勇气的，也正是在这种思想的驱动下，布正伟在实践中做了一些令人感到清新的作品。

图 57　北京独一居酒家

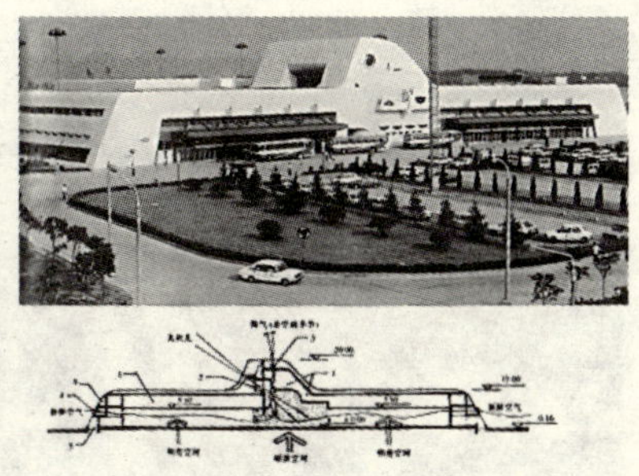

图58　重庆江北机场航站楼

笔者记得在看到北京独一居酒家（1985年）的门面时（图57），颇为兴奋了一番，为此还在那里宴请了来访的澳大利亚皇家建筑师学会会长D·贾克逊夫妇。这种出现在首都的乡土风味（现在可能已不足为奇了），与当时奉命添加的大屋顶、小亭子相比，确实更多地具有一种“自在”性。

后来，他在民航时期所作的重庆江北机场候机楼（1991年）和烟台莱山机场国内和国际航站楼（1992年与1997年）的口碑均不错。他本人对前者的描述是“顺其自然的象征与隐喻”，尽管很多人赞美它的“大鹏鸟”形象，笔者对其中的通风设计更感兴趣，在“可持续发展”兴起之时再来看它，应当说它的“自在”设计具有相当的前卫性（图58）。

作者对烟台机场的描述是“在寻找城市中寻找个性”。对航空港这样被认为是世界性的功能建筑，试图体现其城市与建筑的个性，在很多人思想中可能是徒劳的，然而作者却通过筒体、红瓦窗间墙、波形屋顶等来提示海洋城市及历史遗物（狼烟墩台），取得了较好的效果（图59、图60）。

显然，布正伟的许多设计都具有强烈的跨文化特征，这些特征都不

图59　烟台莱山机场国内航站楼

图60　烟台莱山机场国际航站楼

是硬凑的，而带有自在性，然而，这些自在性来之不易，是经过深思熟虑的创作。

参考文献

（1）布正伟. 自在生成论——走出风格与流派的困惑. 哈尔滨: 黑龙江科学技术出版社，1999

10. 焦毅强的“双重体系”

在当今那股轻视建筑理论风气中，焦毅强属于那种逆流而行的少数派。他广读丛书，包括中外哲学和美学经典，并通过中西文化的比较试图掌握中国建筑传统的本质特性，从而提出了“中国建筑双重体系”的理论观点，并且在自己的设计创作中试探运用。[1]

他把中国建筑的双重体系归纳为四个抽象概念：

(1) 实体与虚体并重：它们共同组成“自我宇宙模式”；

(2) 静止与运动共存：中国画中的散点透视与西方焦点透视的不同，形成了“连续不断的空间组合”；

(3) 建筑“专属环境”中的对立统一：“强化专属空间对立统一的运动感和建筑体之间的互动”；

(4) 强调在建筑中运用弯曲面和弯曲线，使它们与专属空间发生紧密关系。

焦毅强在自己的设计创作中努力贯彻这些认识，比较典型的作品有天津保税区的标志（1997年）和洛阳公安通讯信息指挥中心（2003年）。

天津保税区标志建立在区大门的高速公路旁（图61）。它用钢管桁架的立柱体以及悬挂在曲线拉索上的44个索膜张拉尖锥组成了一个简捷明了而又有吸引力的标志建筑。从表面看，它采用先进材料和结构，是一个普世性的现代结构物；然而，它却体现了一系列中国传统建筑的特征，包括：实体与虚体的并在、静止和运动感共存的弯曲线以及薄膜尖锥体的“连续不断的空间组合”和一种中国性的音乐韵律，而显现了“跨文化”建筑的特性，恰切地表现了中国的、天津的、改革开放期的民族、地域和时代气息。

洛阳公安通讯信息指挥中心在构思过程中，笔者恰好有机会了解作者的创作意向。笔者曾竭力支持他做一个垂直折板式幕墙的高层建筑。但是其出发点更多地是从技术层次出发的，一是觉得这种垂直折板有利

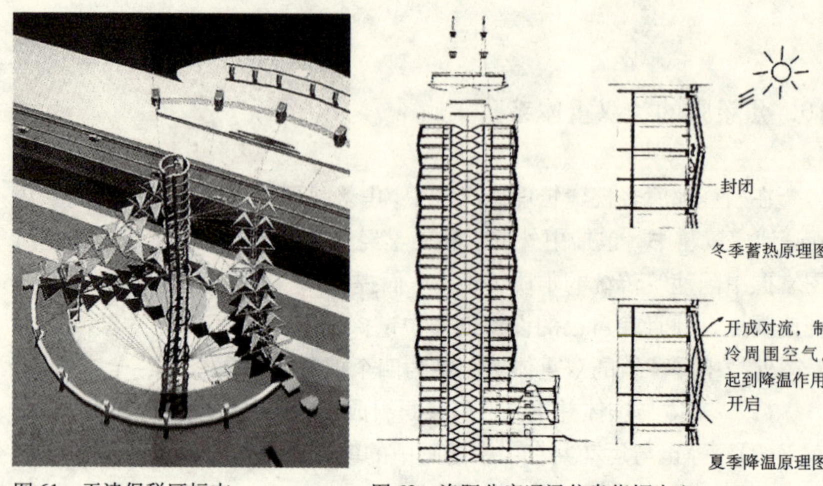

图61　天津保税区标志　　　　图62　洛阳公安通讯信息指挥中心

于减少光污染；二是可以试探简化地运用当时在欧洲已实行的促使诱导式自然通风的双层外围护结构，对这种体型的文化意义则没有多少考虑。后来听说此方案遭遇一些非议，而焦兄的构思方案也日益成熟，才使笔者更加支持这一方案，所幸的是他的方案始终得到甲方的强烈支持，终于使它得以实现。

现在再来看已建成的建筑形象，使笔者又好像回到《洛阳伽蓝记》中所描述的北魏洛阳城。那时，城内佛塔林立，有的佛塔也起到防火瞭望的作用。今天建造的现代信息指挥中心有点像是当年瞭望佛塔的再生，默默地保护着城内的芸芸众生。垂直折板也成为传统密檐宝塔的现代化形象，用自己的韵律感打破那种千篇一律的玻璃火柴盒的呆板无味。

有意思的是，在笔者写此稿时，竟偶然在一外国杂志上看到由大名鼎鼎的英国建筑师诺曼·福斯特爵士设计的纽约赫斯特大厦（计划2006年全部建成）的设计图像，竟然也采用了垂直折板型幕墙，不禁为焦兄庆幸：一是他有了外国的“知音”；二是福斯特的大厦出现在后，为焦兄避免了“抄袭”的指责。[2]

图 63　纽约赫斯特大厦

参考文献

（1） 焦毅强．中国建筑的双重体系．北京：中国建筑工业出版社，2005

（2） John Holusha，Commercial Property / Midtown，A Tower Designed to Be Environmentally Friendly，纽约时报，2003-12-21

11. 张永和的“作文本”

张永和在他的《作文本》中写到笔者读侦探小说的状况：每日数行，读到后面，忘了前面，因此“有一本重复地读也够了”。[1] 此说属实，只是在数量上略有差异。笔者的藏书中有侦探小说约一百本，看了这本，忘了那本，因此藏书量就成为无限大。然而，有意思的是，虽然把书名、作者、情节、凶手等通通忘了，却总有一些微小的细节留在大脑某一角落，分为全忘（大部分）、半忘（小部分）、未忘（个别）等类型，交叉一起，到后来某一时刻，在某一外来“刺激”冲击下，某一细节忽然会跳出来，瞬时而逝。读侦探小说之美妙，对笔者来说，也在于此。

城市和建筑的阅读恐怕也是如此，即使在一个城市居住多年的人，也至多凭记忆画出一张自己的认知图（cognitive map），记下少数几个印象最深的标志建筑。但是在某一瞬间，某一细节忽然会出现在眼前。城市与建筑之美妙，也在于此。

对外国人来说，张永和是中国建筑师；对中国人来说(至少是中国的注册主管部门)，张永和是外国的（注册）建筑师。说实在的，张永和就是他自己说的，具有某种“复杂性、模糊性、矛盾性、开放性、多元化”的人物，一个“跨文化”的建筑师。

这种“复杂性、模糊性、矛盾性、开放性、多元化”表现在他对建筑的“中国性”的多层次阐释。他在谈到建筑的“中国性”时说：“这个性质可以从几方面进行探讨，一个是同传统发生关系，一个是同建造的方法和空间发生关系。二分宅（北京，2002，图64）这个工作主要有两点，一点是把一个城里的四面围合的四合院搬到郊外来，房子和自然一起围合，在这里重新理解围合和院落的意义。这里保留了中间的树木，对一个传统的空间进行探讨，没有讨论中国建筑的形式和形象，而是在建造方法上进行探索，就是用土和木，土是传统的夯土墙，木是用胶合

图64　北京“二分宅”模型

图65　北京席殊书店的书车

木的龙骨。胶合木是我们在北京大学教学研究中心最开始办学的时候研究的一种材料和结构方法。”[2]

在这里，他提出了体现“中国性”的两个途径。在二分宅中，他用“土”、“木”等建筑材料和建造方法来表现；而在《作文本》中，他又介绍了另一种途径，就是“同传统发生关系”。他介绍了自己在苏州网师园的体念，特别是通过四周围合的花园中廊道的两个曲折领会到其中的奥妙并从中体会到中国建筑反映的“内向思维”。他把这种“内向思维”应用到一个幼儿园的设计中。和二分宅不同，这里有四边围合的外墙，中间是一块空地，设计由内向外展开，直到围墙为止。它既同于，又不同于北京的四和院，但仍然属于“内向思维”。[3]

张永和喜欢研究一些抽象问题。他父亲开济老有时调侃地说他的文章是“不知所云”。妙也妙在这里，如果一目了然，这种抽象就没有意思了。然而，张永和也很注意具像，他的作品中常常出现一二个突出的主题：土木住宅、自行车公寓、吊脚楼、书车（如在北京席殊书店，图65）等。这些被突出的主题，就像一些被半忘或全忘的侦探小说情节或某一被遗忘的建筑的细部，他的建筑的“跨文化”特征，也往往是这么涌现的。

参考文献

（1） 张永和．作文本．北京：三联书店，2005

（2） 张永和在《非常建筑作品十年展》座谈会上的发言，新华网，2003-12-22，见北京现代商报

（3） 张永和．非常建筑．哈尔滨：黑龙江科学技术出版社，1997

结语

从前面的讨论，我们可以得出如下一些结论：

（一） 在全球化咄咄逼进的形势下，现今世界上恐怕已经不再有全封闭的角落了。许多原来相对封闭的国家、民族和地域，都已经或正在打开自己的门户。许多本土文化在外来文化的冲击下，正在发生深刻的变化。这是“跨文化”建筑出现的根本原因。

（二） 当原来处于封闭或半封闭状态的文化对外开放时，就很可能出现两种倾向：一种是所谓“先抵抗，后投降”，结果是丧失了自己原有的“根”，把外国的“无根”文化移植进来，以为这样就实现了“现代化、国际化”的目标；另一种是在保护自己原有文化的前提下引进和吸收外来文化中适应本土需要的因素，其结果必然是一种既有传统、又有发展的“跨文化”品质。

（三） 判断一个城市及其建筑是否先进的标准是它们创造的新文化是否有利于巩固和发展自身的社会凝聚力。一般来说，一个国家、民族和地域在对外开放之前，其内部凝聚力通常是很强烈的，但是容易变成保守停滞。这个国家、民族、地域所以迟早要走上开放的道路，关键是要在国际竞争日益剧烈的环境中保持和发展自己的竞争实力，以免处于被动和被人主宰的地位，因此必需在开放过程中时刻注意使原有的社会凝聚力转移到竞争性凝聚力上来。如果一个国家、民族和地域在“现代化、国际化”的过程中失去了自我的识别性和凝聚力，那只会导向可悲的结局。试想，如果一个城市的居民只知道白天在那些千篇一律的玻璃幕墙高楼内办公，晚上到什么“罗马城”、“威尼斯花园”居住，他们会有多少本国、本民族、本地域的竞争精神？

（四） 试举一例说明：在中国的电视台作天气预报时，每个城市都有一幅画面。最初，人们总是想把本地最“现代化、国际化“的标志建筑放在画面上，于是出现了一个尴尬的局面，就是许多城市的此类标志何等相似，并且完全可以相互对换而不为人知，于是后来，画面上出现的就变为本土的名山、名水和名胜，也就是说，回归到自己一度被视为

“落后”的“根”。这种变化是很有启示性的。

（五） 在国际上，确实有一些国家的政府、投资商、建筑师，把他们本国的一切视为世界的典范，而要用强制的方法来把这种单一模式推行于世。在建筑中，这就是所谓“国际风格”。在二战后曾经一度风行于世，成为“现代建筑”的标准格式。这种单一的“国际风格”不久就暴露了它的文化和信息的贫乏性而受到必然的批判和否定。对此，需要说明的是：(1)“国际风格”由于它的简洁性具有一定的优点，不宜全盘否定，否定的只是不顾地方条件的到处搬用；(2)“国际风格”并不等于“现代建筑”，它只是其中的一种。

（六） 到20世纪后期，国际建筑界出现两个重要潮流：一是随着信息和各种高新技术的发展，建筑创作出现了一种以高新技术作为表现手法的“高技派”，他们很快成为一种新的“国际风格”而流行，也出现在中国的一些沿海城市；二是一些强调个人“签名”式作品的问世，他们一般倾向于用一些奇特的造型来树立自己的形象。对这两种创作倾向，我们都应当理智地对待。对于“高技派”，我们应当学习他们用高新技术提高建筑性能（改善环境、节能等）的措施，但是不应当赞美那种仅仅把“高新技术”作为表现手法的浪费做法。对于“签名”派，则更应当考虑有无价值用高价去购买他们本人的“签名”。

（七） 所谓“理智”地对待这些外来文化，就是说要立足于自己的条件和需要，不盲目地、不顾自己资源条件和文化环境地去追风。也就是说，要保护自己的“根”，让这些外来文化融化在本土文化中，而不是被他们吞并。

（八） 在这里，笔者要再次引述葡萄牙建筑大师阿瓦罗·西扎的一个故事。有一次，他接待欧洲另一大师，邀他同去踏勘一个现场。这是一个破旧的渔村，西扎受委托为渔民建造一个新村。在来客的心目中，这个旧村落太破旧了，没有任何保留的价值和因素。然而，使他惊奇的是，西扎却长期地来回观察，寻找着这一场地的“地方精灵”(genius loci)。

笔者未能收集到西扎的最终设计,但是这个故事给笔者的印象非常深刻。我们现在的许多地方主管、开发商和建筑师,是否对自己面前的"宝贝"太不珍惜了?

（九） 全球化的趋势是：在经济上，日益互相跨越，跨国公司日益运用信息等高新技术提高生产和交易的效率,在可持续发展的前提下更有效地利用世界资源，创造更大的财富；在政治上，则是在各个国家独立主权基础上的相互合作；在文化上,则是多种文化在相互交流和交融，涌现更多丰富多彩的跨文化创作。单极主义是行不通的。

（十） 中国建筑师已经在过去的世纪中对中西建筑文化的交融进行了接连不断的探索，产生了丰富的、得到国际承认的成果。问题是这些成果在一些盲目迷信国外广告效应的人们心眼中不合胃口,而在这些盲目追随外国潮流为自己建立"政绩"和高额利润的人们的操作下，其负面后果已经越来越被人们所认识。

（十一） 未来的"国际风格"必然是多元的、既有普世的共性，又有民族和地域特性，因而是"跨文化"产物。这种跨文化的建筑，不是简单的形式要素的叠合(也不完全排斥叠合),而是建立在对本土文化与外来文化的深刻了解的理性认识的基础上，特别是掌握本土文化的"根"。中国几代建筑师的实践，已经提供了相当丰富的经验。

（十二） 建筑贵在自信和自主。可以相信，在对外开放的发展过程中，中国建筑师不但能够恢复对中国建筑设计的主导权，而且能够以善于解决在资源匮缺的条件下创造高度发展的文明与文化的经验走向世界。

后记

“全球化 · 可持续发展 · 跨文化建筑”，这些都是很大的题目，以这本小书的重量和分量是不可能包罗所有应有的内容的。但这个时间出版是有它瞻前顾后的意义，起码要自我要求认识过去才能认识现在和将来；要随时有危机意识，才能提高机会意识。希望读者看完后觉得我们没有无的放矢，无病呻吟；没有白花费了读者宝贵的时间。

2006年初张钦楠同年把定稿在没有付梓之前，从北京寄来香港，嘱咐我写“后记”。重阅之下，才发觉这是几年前写的，应该是“9 · 11事件”之前，肯定是2001年之内或之后。因为我在写“美国的内患”一节中，有“从10世纪至今的‘十字军东征’意识形态，会继续使西方白种人成为伊斯兰教徒的复仇对象；可能把‘圣战’带到美国本土，小型‘圣战’已在纽约发生过”的小段。那个时候，纽约两座世贸中心地标还巍立。

为什么是在2001年之后呢？因为在2001年我经历过第三次手术，而这次是古法“大割手”式的剖腹，伤口足有20厘米长！后来看中医大夫，根据两位大夫说，伤口的肌肉可能复合，但经络已断，不能重合。在我重阅拙稿时，才发现可能连脑袋的思路、文脉也断了！因为在“世纪之交 反思之时”的开场白中，我提出了可持续发展的范围，由个人至国家至最后“人类”与“地球”的关系如何可以持续发展？但文中却完全没有述及，现在补上。

所以在文中有三个日期，一个是“2001年脱稿”，第二个是“2003年脱稿”，第三个是“2006年脱稿”字样，就是这个缘因，望读者见谅。

如果钦楠兄不嘱咐我写“后记”，我便没有写拙文的“后补”机会了！顺在此向钦楠兄致谢。

最后要说的当然是张钦楠同年了。他说我是“兄”，他是“弟”，谁是楠兄，谁是楠弟不要紧，反正过去20多年来，我们是“难兄难弟”！

无论在北京、香港、新加坡、巴塞罗那等各地聚会，我们都是一见如故，情如手足，互相支持。

今冒互相吹捧之嫌，对他的鸿文，略作介绍。他有工程师清晰和逻辑的头脑，有条有理，有板有眼；但亦有建筑师的内心激情，敏锐的视觉、触觉和感觉；最使我钦佩的是他的历史观和价值观。由小观大，由硬件观软件，由实物观文化，由中观西，博古通今。他是一个读了万卷书，行了万里路，而又能落笔万言，写下感触的文化人。

我的学问比不上他，因为他的阅历和“阅力”都比我强。但我们这两个难兄难弟有一些共通点；一个留学美国回国，一个留学英国回港。但两个都有同样的“根”，根在中华！

我能和他一起出版这本小书，是我的光荣。

钟华楠
2006年春